Mario Alberto Miranda Salcedo

Gestão sustentável das principais pragas dos limões mexicanos

Mario Alberto Miranda Salcedo

Gestão sustentável das principais pragas dos limões mexicanos

com alternativas amigáveis

ScienciaScripts

Imprint
Any brand names and product names mentioned in this book are subject to trademark, brand or patent protection and are trademarks or registered trademarks of their respective holders. The use of brand names, product names, common names, trade names, product descriptions etc. even without a particular marking in this work is in no way to be construed to mean that such names may be regarded as unrestricted in respect of trademark and brand protection legislation and could thus be used by anyone.

Cover image: www.ingimage.com

This book is a translation from the original published under ISBN 978-613-9-40598-5.

Publisher:
Sciencia Scripts
is a trademark of
Dodo Books Indian Ocean Ltd. and OmniScriptum S.R.L publishing group

120 High Road, East Finchley, London, N2 9ED, United Kingdom
Str. Armeneasca 28/1, office 1, Chisinau MD-2012, Republic of Moldova, Europe
Printed at: see last page
ISBN: 978-620-8-02455-0

Contenido

Introdução

O México é o principal produtor de limões mexicanos no mundo, com uma área de 120.000 hectares, Michoacán tem 75.000 ha, com uma produção de 900.000 t e um volume de negócios económico de MNX $ 2.595 mil milhões de pesos (SIAP, 2021). Por outro lado, os citrinos são atacados por um grande número de pragas e doenças que afectam o seu vigor, reduzem a sua produção, a qualidade dos frutos e, por vezes, a perda de árvores. Estes organismos atacam várias partes da árvore, sendo o psilídeo asiático dos citrinos, as cochonilhas, os tripes e os ácaros os mais importantes (Miranda-Salcedo et al., 2020a). Atualmente, o psilídeo asiático dos citrinos *Diaphorina citri* (Kuwayama) 1908 (Hemiptera: Liviidae) é a praga mais importante que ataca os citrinos no México. O inseto está distribuído por todo o México (López-Arroyo et al., 2008) e a sua importância reside no facto de ser o vetor do Huanglongbing (HLB), a doença mais devastadora dos citrinos, que afecta todas as espécies e variedades de citrinos (Bove, 2006; Bassanezi, 2012; Stansly, 2012). A sua gestão tem-se baseado principalmente na utilização de diferentes ingredientes químicos (organofosforados, piretróides, neonicotinóides, fungos entomopatogénicos e produtos de origem vegetal) que produziram no país o ressurgimento de novas pragas como: tripes, escamas e aranhas vermelhas à medida que o número de aplicações químicas aumentou, por exemplo em Michoacán cerca de 40 por ano, afectando inimigos naturais e polinizadores (Miranda-Salcedo et al.,

2020a). Neste artigo são apresentados os aspectos mais relevantes em relação à sua importância agronómica, biologia e gestão sustentável e de baixo impacto ambiental das principais pragas que atacam a cultura do limão mexicano.

PRAGAS PRINCIPAIS

Psilídeo asiático dos citrinos *Diaphorina citri* Kuwayama, 1908 (Hemiptera:

Liviidae)

Importância agronómica

O psilídeo asiático dos citrinos, *D. citri* Kuwayama 1908 (Hemiptera: Liviidae), é um inseto sugador que insere as suas peças bucais nos tecidos das plantas para se alimentar (Hall, 2008). Os adultos alimentam-se de caules e folhas jovens em todas as fases de desenvolvimento, mas principalmente de rebentos tenros. Os adultos têm 2,7 a 3,3 mm de comprimento e asas castanhas mosqueadas. Os adultos são activos e podem voar curtas distâncias quando perturbados. Também podem ser encontrados a descansar ou a alimentar-se nas folhas com a cabeça na superfície da folha (feixe) e o corpo num ângulo de 45°. O inseto está distribuído por todo o México (López-Arroyo *et al.,* 2008) e é o vetor do Huanglongbing (HLB), a doença dos citrinos mais importante do mundo (Roistacher, 1991; Halbert & Manjunath, 2004). A doença está presente em todos os estados produtores de citrinos do país. No estado de Michoacán foi detectada em dezembro de 2010, e atualmente está distribuída em todos os municípios com altos picos populacionais do vetor (SENASICA, 2019). Além disso, todos os anos o SENASICA implementa um programa de Áreas Regionais de Controlo (ARCOS) em aproximadamente 60.000 ha de citrinos. No entanto, existe uma grande guilda de inimigos naturais (Miranda-Salcedo & López-Arroyo, 2009; 2010), mas não são feitas libertações de predadores no âmbito de uma abordagem de controlo biológico inundativo.

Flutuação da população

No Vale de Apatzingán, em Michoacán, *D. citri* ocorre durante todo o ano, devido às condições ambientais e às práticas de manejo promovidas pelos produtores (Miranda-Salcedo & López-Arroyo, 2009; 2010). Esta simbiose de factores promove uma emissão frequente de novos rebentos vegetativos nas árvores, o que garante a disponibilidade de alimento e locais de oviposição para o inseto. No limão mexicano, há quatro picos populacionais por ano, em abril, julho, setembro e dezembro. O maior número de ninfas por surto ocorre nos meses de dezembro e julho (8 ninfas/ surto), assim como outros picos populacionais nos meses de setembro e abril (6 ninfas/ surto). Da mesma forma, dos municípios estudados, Parácuaro, Buenavista e Apatzingán, a maior densidade populacional ocorre neste último, de novembro a dezembro, com 13 ninfas por rebento, num pomar com elevado nível tecnológico.

Danos causados

A Diaphorina citri é considerada uma das pragas mais importantes registadas em todas as áreas de cultivo de citrinos no México. Esta praga é o vetor da bactéria *Candidatus* Liberibacter asiaticus, que causa a doença HLB. Este inseto pode causar danos diretos e indirectos. Os danos indirectos são os mais graves e relevantes, uma vez que é o vetor da *Candidatus* Liberibacter asiaticus, a bactéria associada ao HLB. Os danos diretos são causados pelo inseto na sua extração de seiva e na produção de melada. A melada é depois depositada nas folhas, favorecendo o desenvolvimento do míldio. Além disso, ao alimentarem-se, injetam na planta toxinas que impedem o alongamento terminal e provocam a malformação das folhas e dos rebentos. Em infestações graves, os novos rebentos podem morrer (Arredondo-Bernal *et al.*, 2013). Quando se alimentam, as fases ninfais de *D. citri* produzem túbulos cerosos brancos, permitindo a rápida identificação de colónias na folhagem do hospedeiro (Figura 1). Também excretam açúcares que promovem a formação de fumagina (SENASICA, 2019). As folhas infectadas podem engrossar a nervura mediana, causando um aspeto de cortiça que geralmente percorre toda a nervura. As folhas maduras incluem a presença de nervuras amarelas ao longo da nervura principal e das nervuras laterais, onde são mais evidentes, bem como o inchaço e a cortiça resultantes de uma infeção grave. Este sintoma foi relatado como o primeiro a ser observado em algumas plantas afectadas pelo HLB (Moreno, 2014).

A principal importância da *D. citri* é o facto de ser um vetor da bactéria *Candidatus* Liberibacter asiaticus, que se aloja principalmente no floema das plantas hospedeiras e causa a doença conhecida como Huanglongbing (HLB) (SENASICA 2019).

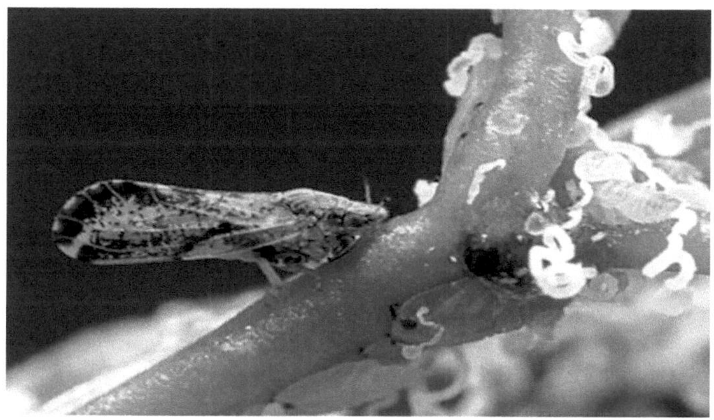

Figura 1. Danos causados por *D. citri* em rebentos tenros de lima mexicana.

Nas fases avançadas da infeção pelo HLB, as folhas novas podem apresentar uma coloração esbranquiçada. Níveis anormais de grânulos de amido acumulados nas células do parênquima podem explicar o aspeto coriáceo de algumas folhas encontradas em árvores severamente afectadas. Os frutos infectados pelo HLB apresentam um elevado grau de acidez e uma escassez de sumo. O sumo dos frutos infectados com HLB é amargo, insípido ou algo salgado, e contém baixos níveis de açúcares e de sólidos solúveis, bem como níveis elevados de alguns compostos amargos. Os frutos acabam por cair prematuramente e a árvore não volta a produzir frutos. Os frutos afectados pelo HLB não se desenvolvem corretamente devido à deficiência de hidratos de carbono e à incapacidade de mobilizar o amido necessário que se acumula nas folhas (Moreno-Enriquez, 2014).

Gestão agronómica

No vale de Apatzingán Michoacán, são feitas cerca de quarenta aplicações por ano de diferentes inseticidas para o controle de pragas de limão mexicano, esse fato selecionou a resistência do psilídeo a inseticidas de diferentes grupos toxicológicos (Miranda-Salcedo; 2014; Villanueva-Jiménez *et al.,* 2019) que por sua vez gerou o surgimento de outras pragas como tripes e ácaros que são considerados pragas secundárias (Miranda-Salcedo, 2019). Diante disso, produtos de baixo impacto ambiental e o uso de inimigos naturais são uma opção para o manejo integrado de pragas (Ables e Ridgway, 1981). Os insecticidas bio-racionais caracterizam-se por não causarem mortalidade imediata à população de insectos praga, ao contrário dos insecticidas de largo espetro (Cortés-Moncada *et al.,* 2010b; Villanueva-Jiménez, et al., 2019). Existem alguns inseticidas avaliados por diferentes autores para o controle de *D. citri* que são uma alternativa para seu manejo (Tabela 1).

Tabela 1. Insecticidas recomendados para o controlo de *D. citri* em limões mexicanos.

Produto	Dose	Autor
Biocrack®; Berni Labs - Alho + Extrato de Camomila	2 ml/l-1	
Fractal®; Berni Labs - Extrato de Sementes de Citrinos	4 ml/l-1	Miranda-Salcedo et al. (2020a)
Reseda *luteola* (Resedaceae) Extrato de Reseda *luteola* Preparação a 5%	4ml/l-1	
Óleo de petróleo parafínico	10 ml/l-1	
Movento 150 OD (2015) ® - Spirotetramat	0,5 ml/l-1	Ruíz-Galván et al.(2015)
Garlic®; Biotech - Óleo de alho	2 ml/l-1	
Fractal®; Berni Labs - Extrato de sementes de citrinos	2 ml/l-1	Miranda-Ramirez et al. (2021)
Portal®; Nichino - Fenpyroximate	1,25 ml/l-1	

Para uma boa gestão de *D. citri*, é necessário monitorizar no terreno a população de psilídeos antes de qualquer aplicação, a fim de calcular o limiar de danos e tomar uma decisão bem informada.

Controlo biológico

O psilídeo asiático dos citrinos é uma praga exótica que foi detectada no nosso país em 2002. A sua importância reside não só no facto de causar danos diretos na planta, mas também por ser o principal vetor da doença Huanglongbing ou HLB dos citrinos causada pela bactéria *Candidatus Liberibacter* spp. (Sánchez-González *et al.*, 2015). O seu principal inimigo natural é o parasitoide *Tamarixia radiata* (Waterston), que se alimenta externamente dos últimos estádios ninfais de *D. citri* e foi introduzido em vários países a partir de Punjab na Índia (Shivankar *et al.*, 2000). *Tamarixia radiata* é relatada em vários estados do país e acredita-se que tenha sido introduzida junto com seu hospedeiro, embora esteja sendo produzida e liberada pelo CNRCB (Centro Nacional de Referencia en Control Biológico) e pelo CESV (Comités Estatales de Sanidad Vegetal de los Estados) (SENASICA, 2015). *Diaphorencyrtus* sp. só foi relatado em Sinaloa, mas com níveis muito baixos de parasitismo natural (6,3%) em comparação com *T. radiata* que atingiu 59,6% de parasitismo natural (Cortez-Mondaca *et al.*, 2010a).

Foi comunicada uma vasta gama de predadores que atacam *D. citri*, incluindo várias espécies de insectos das famílias Coccinellidae e Chrysopidae. Os Coccinellidae que foram registados até agora são: *Arawana* sp., *Axion* sp, *Azya* sp., *Azya orbigera*, *Brachiacantha decora*, *Brachiacantha testudo*, *Brachiacantha* sp., *Cycloneda sanguinea*, *Cycloneda* sp., *Chilocorus cacti*, *Chilocorus stigma*, *Chilocorus* sp, *Coleomegilla maculata*, *Coleomegilla* sp., *Curinus coeruleus*, *Delphastus* sp., *Exochomus* sp., *Harmonia axyridis*,

Harmonia sp., *Hippodamia convergens*, *Hippodamia* sp., *Nephus sp., Nephus sp., Pentilia* sp., *Scymnus distinctus*, *Scymnus loewii*, *Scymnus* sp, *Olla v-nigrum* e *Zagloba* sp.; espécies de crisopídeos: *Chrysoperla* sp, *Chrysoperla rufilabris*, *Chrysoperla comanche*, *Ceraeochrysa cincta*, *Ceraeochrysa cubana*, *Ceraeochrysa claveri*, *Ceraeochrysa valida*, *Ceraeochrysa everes*, *Ceraeochrysa* sp. e *Chrysopa* sp.; o percevejo da família Reduviidae: *Zelus longipes*; a vespa predadora da família Vespidae: *Brachygastra mellifica* (Cortez-Mondaca *et al,* 2010b; Kondo et al., *2017*; Lozano-Contreras & Jasso-Argumedo, 2012).

Thrips *Frankinella occidentalis* Pergande, 1895 (Thysanoptera: Thripidae)

Importância agronómica

As espécies de tripes que foram encontradas a afetar os limões mexicanos são *Frankliniella bispinosa, Frankliniella cephacila, Frankliniella curticornis, Frankliniella occidentalis, Frankliniella insularis, Scirtothrips citri, Scirtothrips persae, Scolothrips sexmaculatus e Leptotrips* sp. (Avendaño-Gutiérrez *et al.*, 2020; Miranda-Salcedo, 2019).

Flutuação da população

Os maiores picos populacionais ocorrem em novembro e maio (uma vez retiradas as chuvas), durante este período os pomares que apresentam floração e frutos pequenos (menores que 4 cm de diâmetro), são altamente susceptíveis ao ataque desta praga, o seu limiar económico é de 7 adultos por unidade de amostragem (folha de 38 x 21 cm) (Miranda-Salcedo, 2019). Caracteriza-se por ser uma praga com um ciclo de vida muito curto (cerca de quinze dias), reprodução sexuada e assexuada, polifágica e com hábitos crípticos [quando adulto vive entre as sépalas das flores e nas fases pré-pupal e pupal no solo] (Mound, 1997; Mound e Teulon, 1995). No Vale de Apatzingán, Michoacán, as condições ambientais apresentam climas BS1 (h') W (W) seco e quente BS1 com temperatura média anual de 27,2 °C e 599,3 mm de precipitação média anual (SMN-CONAGUA, 2016) que favorecem a presença de tripes durante todo o ano e a espécie mais abundante registada é

A F. occidentalis afecta cerca de 50 hospedeiros (Johansen, 2001).

Danos causados

Os tripes são insetos sugadores de aproximadamente 1 mm de comprimento, e geralmente se alimentam do conteúdo das células vegetais, principalmente em flores, folhas e frutos, que, quando cicatrizados, diminuem seu valor, além de poderem ser vetores de vírus (León & Kondo, 2017). Em geral, para a cultura do limão, não são considerados uma praga importante, mas como resultado do uso excessivo de inseticidas, suas populações aumentaram a ponto de causar perdas econômicas significativas (Miranda-Salcedo, 2019). Em relação à cultura, o tripes (*Frankliniella occidentalis*) causa danos físicos nos frutos, alimentando-se do tecido tenro da epiderme causando uma laceração perto do pedúnculo, principalmente a partir da fase de frutificação e até um tamanho de 3 mm de diâmetro (Figura 2). Nos rebentos tenros, os danos causados são muito visíveis, deformando o tecido das folhas tenras e, quando os danos são maiores, podem observar-se ondulações que se assemelham a uma mão de macaco, devido à sucção da seiva para alimentação (Figura 3).

Figura 2. Danos causados por *F. occidentalis* em frutos tenros de lima mexicana.

Figura 3. Danos causados por *F. occidentalis* em rebentos tenros de lima mexicana.

Gestão agronómica

Existe um grande número de produtos químicos que controlam os tripes, mas estes afectam os seus inimigos naturais, o que aumenta os danos na folhagem e nos frutos do limão mexicano (Miranda-Salcedo et al., 2020a; Miranda-Salcedo et al., 2021). Portanto, a melhor estratégia para o controlo do tripes é utilizar produtos com baixo impacto ambiental porque afectam menos organismos não visados (Miranda-Salcedo, 2019). Estes produtos controlam a praga na ordem dos 40 % e afectam menos os seus inimigos naturais.

Controlo biológico

Os tripes são muito difíceis de controlar com insecticidas, devido ao seu estilo de vida oculto, pelo que o controlo biológico é a opção mais adequada (Loomans, 2003). Os inimigos naturais dos tripes são principalmente tripes e ácaros predadores, embora também tenham sido relatados antocorídeos (Hemiptera: Anthocoridae), crisopídeos (Neuroptera: Chrysopidae), catarinae (Coleoptera: Coccinellidae) e sirfídeos (Diptera: Syrphidae) (León & Kondo, 2017; Loomans, 2003; Miranda-salcedo, 2019). Para as culturas em estufa, é muito comum libertar ácaros predadores do género Amblyseius e insectos do género Orius (Lenteren & Loomans, 1995). Verificou-se que, no caso de infestações graves de tripes no limoeiro, é melhor reduzir as aplicações de insecticidas químicos e gerir bem as ervas daninhas, que servem de refúgio a predadores de tripes como *Chrysoperla rufilabris, Ceraeochrysa cincta, Stetorus sp, Cycloneda sanguinea, Hippodamia convergens, Olla v-nigrum, Zelus renardii, Leptotrips sp.* e várias espécies de ácaros (Atakan & Pehlivan, 2019; Miranda-salcedo, 2019). Os tripes predadores que foram encontrados em limoeiros que atacam tripes de importância económica são: *Scolothrips sexmaculatus, Leptothrips mcconelli, Stomatothrips brunneus* e *Scolothrips palidus* (Avendaño-Gutiérrez *et al.*, 2020).

Ácaro dos citrinos *Tetranychus urticae* Koch, 1836 (Acari: Tetranychidae)

Importância agronómica

O ácaro vulgarmente designado por ácaro vermelho é uma praga comum em várias culturas, incluindo os citrinos. As suas populações causam perdas económicas devido a manchas nos frutos (Pascual-Ruiz *et al.*, 2014). É uma das pragas mais importantes que atacam a cultura do limão mexicano nos estados de Colima, Michoacán, Oaxaca, Guerrero e Jalisco. No Vale do Apatzingán, é uma das pragas que atacam os limões mexicanos que aumentaram sua população, principalmente devido às condições climáticas e ao excesso de aplicações (cerca de 40 por ano para diferentes pragas e doenças) (Miranda-Salcedo, 2019). A forma de controlo mais difundida tem sido a utilização de insecticidas químicos, no entanto, este método deixa de ser eficaz se a sua utilização for prolongada por muito tempo. Uma alternativa que tem vindo a ser explorada há vários anos é a gestão agroecológica, que tira partido do conhecimento das pragas e das suas relações ecológicas com outros organismos e com o seu habitat.

Flutuação da população

O ácaro-aranha ocorre principalmente na estação seca e em ataques severos pode causar danos na folhagem das árvores e nos frutos, afectando a produção e a qualidade dos frutos (Orozco-Santos *et al.*, 2013). A sua presença está

associada às condições climatéricas e ao estado da folhagem das árvores.

Começa nos meses de inverno (janeiro-fevereiro) até pouco antes da estação das

chuvas (Medina-Urrutia, 1990).

Danos causados

O ácaro é uma das principais pragas dos citrinos porque danifica os frutos antes

da colheita (Figura 4), além disso, as colónias de *Tetranychus urticae*

localizam-se preferencialmente na face inferior das folhas dos citrinos, onde

estão protegidas por fios de seda no verão, alimentando-se do conteúdo das

células epidérmicas e do parênquima foliar (Fonte *et al.*, 2019). Esta

alimentação provoca manchas cloróticas (amarelas) e protuberâncias na parte

superior (Fonte *et al.*, 2019; Agut *et al.*, 2013).

Figura 4. Danos causados por *T. urticae* em frutos de limão mexicano.

T. urticae, no entanto, é bem conhecido pela sua capacidade de desenvolver resistência aos acaricidas devido à sua alta fertilidade, ciclo de vida curto, reprodução por partenogénese arrhenotópica, recursos alimentares abundantes e alto grau de polifagia (Van Leeuwen *et al.*, 2010; Dermauw *et al.*, 2013 citado por Fonte *et al.*, 2019). Além disso, foi demonstrado que os ácaros tetraniquídeos desenvolvem resistência mais rapidamente do que os fitoseídeos predadores (Schmidt-Jeris *et al.*, 2018 citado por Fonte *et al.*, 2019), o que agrava o problema, levando a surtos de populações de ácaros quando o manejo de pragas não é realizado corretamente (Fonte *et al.*, 2019).

Gestão integrada

O controlo das populações de *T. urticae* baseia-se principalmente em aplicações repetidas de aplicações repetidas de acaricidas acaricidas convencionais, tais como compostos organoestânicos, acaricidas inibidores do transporte de electrões mitocondriais (fenazaquina, fenpiroximato, piridabena e tebufenpirade) e piretróides (Anonymous 2003 citado por Choi *et al.*, 2004). Embora eficazes, a sua utilização repetida ao longo de décadas perturbou os sistemas naturais de controlo biológico e levou ao ressurgimento deste ácaro (Lee 1990 citado por Choi *et al.*, 2004), resultando por vezes no desenvolvimento de resistência (Lee & Yoo 1971; Cho *et al.*, 1995, Song *et al.*, 1995 citado por Choi *et al.*, 2004). Estes produtos químicos também têm efeitos indesejáveis em organismos não visados e promovem preocupações ambientais e de saúde humana (Hayes & Laws 1991 citado por Choi et *al.*, 2004). Para a gestão de *T. urticae* existem vários produtos que se caracterizam por terem pouco efeito deletério sobre os inimigos naturais, alguns são feitos à mão e outros são de origem comercial (Quadro 2).

Quadro 2: Insecticidas recomendados para o controlo de *T. urticae* em limões mexicanos.

Produto	Dose	Autor
Fractal®; Berni Labs - Extrato de sementes de citrinos (produto comercial)	4 ml/l-1	
Extrato artesanal de trevo doce (*Melitus indicus*) solução de base a 50%	6 ml/l-1	Miranda-Salcedo et al. (2020b)
Extrato artesanal de erva africana (*Pennisetum clandestinus*) solução de base a 50%	6 ml/l-1	
Extrato de Reseda (*Reseda luteola*) Solução-mãe a 50%	6 ml/l-1	

Controlo biológico

Na utilização do controlo biológico de conservação, observou-se que uma elevada diversidade de inimigos naturais diminui a probabilidade de as populações de pragas como os ácaros excederem o limiar de danos económicos (Jonhsson *et al.*, 2008). Os principais inimigos naturais de *T. urticae* que são especialistas na alimentação de ácaros, e que também são muito abundantes nos citrinos, são os coccinelídeos dos géneros *Stethorus* e *Parastethorus,* bem como os ácaros predadores da família Phytoseidae. Outros coccinelídeos alimentam-se destes ácaros, mas não são a sua principal fonte de alimento, como *Hippodamia convergens, Coleomegilla maculata, Harmonia axydiris, Olla abdominalis, Adalia, Eriopus, Hyperaspis, Scymnus* e *Psillobora* (Biddinger *et al.*, 2009; León & Kondo, 2017).

Outros inimigos naturais comuns incluem insetos dos géneros *Anthocoris* e *Orius,* bem como crisopídeos como *Chrysoperla carnea, Chrysoperla rufilabris* e até tripes predadores do género Leptotrips (Miranda-salcedo et al., 2020; León & Kondo, 2017). Os ácaros predadores dos géneros *Amblyseius, Phytoseiulus* e *Neoseiulus* têm sido utilizados em programas de controlo biológico em todo o mundo para o controlo de ácaros como o *T. urticae* e outros que são predominantes em estufas. No entanto, também são comuns nos citrinos, atacando naturalmente os ácaros-aranha (Mcmurtry *et al.*, 2015).

Minador de folhas *Phyllocnistis citrella* Stainton 1915 (Ledioptera: Gracillariidae)

A larva-minadora dos citrinos é uma praga exótica que invadiu o nosso país, tendo sido inicialmente reportada em Tamaulipas num pomar de laranja Valência em 1994 (Ruíz-Cancino & Coronado-Blanco, 1994). Os principais inimigos naturais observados são parasitóides himenópteros das famílias Eulophidae: *Chrysocharodes* n.sp., *Cirrospilus floridensis*, *Cirrospilus* sp., *Closterocerus ca. cinctipennis, Galeopsomyia fausta, Horismenus* sp., *Pnigalio* sp., *Pnigalio* sp,

Tetrastichus sp., *Zagrammosoma multilineatum*; da família Elasmidae: *Elasmus tischeriae* e da família Encyrtidae: *Ageniaspis citricola* e *Metaphycus* sp. (González-Acosta *et al.*, 2015) (Ruíz-Cancino *et al.*, 2001). Foi relatado que indivíduos dos géneros *Cirrospilus, Horismenus, Zagrammosoma, Pnigalio* e *Elasmus* causam mortalidades de até 22,1 % (Martínez-Bernal *et al.,* 1999). Em Nuevo León, verificou-se que *Z. multilineatum* era o parasitoide dominante, atingindo até 38% do número total de espécies recolhidas (Legaspi *et al.*, 2001). Todas estas espécies foram encontradas parasitando naturalmente a cigarrinha-das-pastagens, pelo que até ao momento não existe nenhum programa de libertação para o controlo biológico desta praga. Por outro lado, também foram registados os seguintes predadores: *Chrysoperla* sp., *Chrysoperla rufilabris* (Neuroptera: Chrysopidae), *Hippodamia convergens* (Coleoptera: Coccinellidae) e *Orius insidiosus*; *Chrysoperla* sp. (Hemiptera: Anthocoridae) foi registada como a mais abundante (Legaspi *et al.*, 2001; Martínez-Bernal *et al.*, 1999).

***Cochonilha* ou cochonilha mole - *Coccus hesperidum* (Linnaeus)** Também conhecida por cochonilha castanha, *Coccus hesperidum* é um inseto da família Coccidae com distribuição cosmopolita e polífaga que ataca uma grande variedade de plantas em regiões tropicais e subtropicais. No nosso país, é a espécie mais comum registada a atacar citrinos, outras árvores de fruto e plantas ornamentais. Encontram-se geralmente em ramos e folhas e, embora não representem frequentemente um perigo para as plantas, ocasionalmente tornam-se um problema para os produtores de citrinos (Myartzeva & Ruiz-Cancino, 2011). Existem vários relatos de inimigos naturais que se alimentam delas, mas destacam-se as vespas parasitóides das famílias Aphelinidae e Encyrtidae (Myartzeva, 2006). As principais espécies de parasitóides associadas ou encontradas a parasitar *C. hesperidum* em citrinos no México pertencem aos géneros *Coccophagus, Encyrtus* e *Metaphycus*. As espécies de afelinídeos são: *Coccophagus bimaculatus, Coccophagus lycimnia, Coccophagus pulvinariae, Coccophagus quaestor, Coccophagus rusti, Marietta mexicana; Encyrtids: Anicetus annulatus, Encyrtus aurantii, Metaphycus anneckei, Metaphycus flavus, Metaphycus helvolus, Metaphycus maculipes, Metaphycus pulvinariae, Metaphycus stanleyi* e *Metaphycus nietneri* (Myartseva & Ruiz-Cancino, 2004; Myartzeva & Ruiz-Cancino, 2011). No México não há registos de predadores que se alimentem da cochonilha, mas outros países relatam algumas espécies de coccinelídeos que também estão presentes no nosso país e que poderiam exercer algum controlo natural. Os géneros de catarinídeos encontrados a atacar *C. hesperidum* são *Chilocorus, Brumoides, Exochomus* e Azya, bem como a espécie *Cryptolaemus montrouzieri* (CABI, 2020; León & Kondo, 2017). A mariposa *Laetilia coccidivora* (Lepidoptera: Pyralidae) é relatada em outros países como predadora dessa escala e está presente no México, embora não tenha sido relatada alimentando-se especificamente de *C. hesperidum*, é relatada atacando a escala *Diaspis echinocacti* (Vanegas-Rico *et al.*, 2018).

Floco de neve - *Unaspis citri* (Comstock)

A cochonilha dos citrinos é uma praga muito comum e recorrente do limoeiro e dos citrinos em geral. Quando a infestação é muito elevada, pode ocorrer desfolha, dessecação dos ramos e até a morte da árvore. Alimenta-se geralmente do tronco e dos ramos, mas pode ser encontrada também nas folhas e nos frutos (Coronado-Blanco & Ruiz-Cancino, 1995). Distribui-se por todo o país, mas com infestações mais intensas nas zonas mais secas (Coronado-Blanco *et al.*, 2006). Várias espécies de parasitóides foram registadas a atacar *U. citri* na Florida, com potencial distribuição no México, tais como *Aspidiotiphagus lounsburyi, Aspidiotiphagus citrinus, Aphytis lingnanensis, Aphytis proclia, Aphytis maculicornis, Aphytis mytilaspidis, Aphytis chrysomphali, Aphytis coheni, Aphytis melinus, Aphytis lycimnia, Aphytis agilior* e *Arrhenophagus albitibiae* (Coronado-Blanco & Ruiz-Cancino, *1995*). Ruiz-Cancino, 1995). No México não existe um programa de controlo biológico da cochonilha da neve, mas os seus principais inimigos naturais estão presentes em todas as zonas de cultivo de citrinos do país. Entre os parasitóides registados no México, há duas famílias de Hymenoptera que a atacam: Aphelinidae e Encyrtidae. Os géneros de afelinídeos são Aphytis, Encarsia e Aspidiotiphagus, enquanto o encyrtidae é do género Arrhenophagus (Coronado-Blanco et al., 2006; Ruíz-Cancino et al., 2006). Por outro lado, os predadores que atacam U. citri são principalmente coleópteros da família Coccinellidae dos géneros Exochomus e Hyperaspis; em Colima, Chilocorus cacti foi observado a alimentar-se da cochonilha (Coronado-Blanco et al., 2006) e em Tamaulipas, Zagloba beaumonti foi relatado como predador (Coronado-Blanco et al., 2000). Há também um relato de um díptero da família Asilidae, chamado Atomosia macquarti, predando escamas no estado de Tamaulipas (Coronado-Blanco & Ruiz-Cancino, 1999). Embora não documentado em artigos, há observações de larvas de crisopídeos se alimentando de U. citri (Figura 5) (Cícero, 2021, observação pessoal).

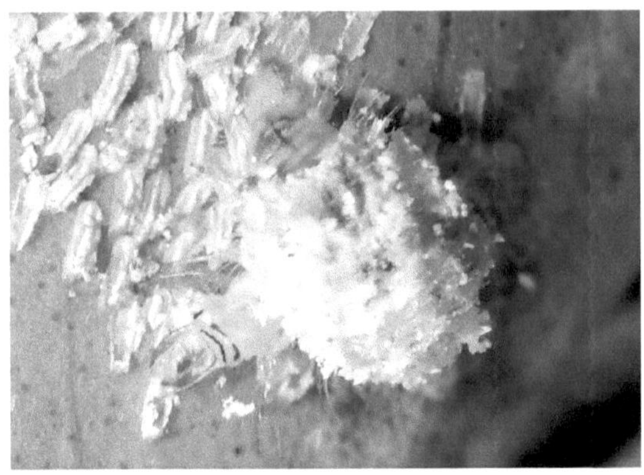

Figura 5. Larva de *Ceraeochrysa* sp. alimentando-se de *U. citri*.

Pulgão verde dos citrinos - *Aphis spiraecola* (Patch)

O pulgão verde dos citrinos é um pulgão polífago de origem asiática que se encontra atualmente distribuído em todas as regiões tropicais e temperadas do mundo. A sua importância na indústria dos citrinos reside no facto de causar danos diretos nos rebentos tenros, bem como ser um vetor de vírus, incluindo o vírus da tristeza dos citrinos (León & Kondo, 2017; Villalobos-Muller *et al.,* 2010). Tal como acontece com os afídeos castanhos e pretos, poucas espécies de parasitóides nas Américas os atacam e conseguem reduzir as suas populações. No entanto, eles têm uma grande variedade de predadores das famílias Coccinellidae (Coleoptera), Syrphidae (Diptera) e Chrysopidae (Neuroptera). De um modo geral, as espécies de predadores que se alimentam dos afídeos *A. citricidus* e *A. aurantii* são as mesmas que para *A. spiraecola*

(Gaona-García *et al.*, 2000). Embora os coccinelídeos sejam conhecidos por serem predadores generalistas que atacam afídeos, existem algumas espécies que têm preferência por afídeos verdes, e/ou têm melhor desempenho quando se alimentam deles, tais como *Coleomegilla maculata fuscilabris*, *Cycloneda sanguinea* e *Harmonia axyridis* (Michaud, 2000).

Mosca negra dos citrinos - *Aleurocanthus woglumi* (Ashby) O primeiro caso de controlo biológico bem sucedido no México foi com esta praga. A mosca dos citrinos é um hemíptero da família Aleyrodidae de origem asiática, que foi introduzido acidentalmente em Sinaloa em 1935 (Arredondo-Bernal & Rodríguez del Bosque, 2020; Myartseva, 2005). Em 1949, após a mosca da fruta ter causado estragos em várias regiões citrícolas do país, foram introduzidos os parasitóides da família Aphelinidae, *Encarsia opulenta* (atualmente *Encarsia perplexa*), *Encarsia clypealis, Encarsia smithi* e *Amitus hesperidium* (Platigastridae). Além disso, foi libertado o coccinelídeo *Delphastus pusillus*, que, em conjunto, controlou *A. woglumi* (Perales-Gutiérrez *et al.*, 1999). *Amitus hesperiduim* (Silvestri) é um parasitoide himenóptero da família Platigastridae originário da Índia e introduzido no México para controlar a mosca dos citrinos (*Aleurocanthus woglumi,* Ashby) (Nguyen, 2018). Após a sua libertação no México, teve tanto sucesso que é agora a forma mais eficaz e recomendada de controlar a praga (Smith et al., 1964). Juntamente com o parasitoide introduzido Encarsia perplexa (muitas vezes confundido com E. opulenta), que também já está amplamente distribuído em todo o país, conseguiram um controlo muito eficaz em todo o país (Myartseva, 2005). Os predadores da mosca da fruta são pouco mencionados na literatura devido ao sucesso do controlo conseguido com parasitóides. Em El Salvador mencionam-se alguns predadores que se alimentam principalmente de ovos, como os catarinae do género Delphastus e larvas de Neuroptera do género Chrysoperla e Ceraeochrysa (Quezada, 1974). No México, para além de D. pusillus, há relatos de uma espécie de coccinelídeo do género Scymnus que ataca A. woglumi (Arredondo-Bernal & Rodríguez del Bosque, 2008).

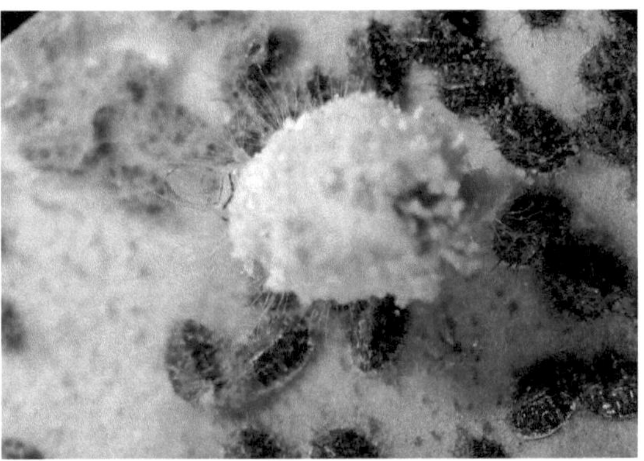

Figura 6. Larva de *Ceraeochrysa* sp. alimentando-se de moscas varejeiras.

Controlo biológico de pragas dos limões mexicanos

A forma mais comum de controlo de pragas no limoeiro, e nos citrinos em geral, é a utilização de pesticidas químicos de síntese, no entanto, foi nos citrinos onde se conhece o primeiro registo da utilização de controlo biológico por formigas da espécie *Oecophylla smaragdina* Fabr. (Huang & Yang, 1987). Por outro lado, um dos exemplos mais conhecidos de sucesso da luta biológica foi também nos citrinos com a Vedalia catarinita (*Rodolia cardinalis* Mulsant) para o controlo da cochonilha-das-galhas (*Icerya Purchasi* Maskell)

(Caltagirone & Doutt, 1989; Fleschner, 1959).

Há cenários em que os pesticidas sintéticos não são a escolha mais adequada e não são capazes de controlar eficazmente as pragas (Hajek, 2004). Uma das principais razões pelas quais a sua utilização deve ser limitada é que a sua aplicação não só tem impacto na população de pragas, como também afecta a vasta comunidade de inimigos naturais. Ao diminuir as populações de entomofauna benéfica (ou seja, insectos polinizadores e inimigos naturais), é muito provável que a mesma praga, ou pragas secundárias, aumentem o seu número e causem mais danos à produção (Hill et al., 2017). A aplicação frequente de pesticidas impede a manutenção das populações de inimigos naturais e também leva à resistência das pragas aos componentes dos pesticidas, diminuindo drasticamente a sua eficácia (Monzo et al., 2014).

O uso abusivo e incorreto de insecticidas sintéticos tem causado graves problemas fitossanitários nos pomares de citrinos. Um exemplo é o caso da mosca negra dos citrinos, *Aleurocanthus woglumi* (Ashby, 1915). Estes hemípteros da família Aleyrodidae não são pragas primárias, no entanto, tornam-se um problema ao climinarem a comunidade de inimigos naturais que mantêm as suas populações baixas (Nguyen et al., 2007). Neste caso, o controlo biológico provou ser a melhor opção, e só quando a comunidade de inimigos naturais é restaurada é que a mosca-das-pedras é controlada (Ruíz-Cancino et al., 2006).

O controlo biológico de pragas em citrinos é muito antigo (China, 300 d.C.), no entanto, todos os dias são comunicadas novas estratégias e métodos para aumentar a sua eficácia, quer através de libertações contínuas, inoculações em fases-chave, quer através da conservação dos seus microhabitats (Van Driesche et al., 2008). Neste sentido, a utilização de inimigos naturais é muito variada e está atualmente difundida em todo o mundo.

Os principais inimigos naturais que ajudam a regular as populações de insectos praga dividem-se em dois grupos principais: 1) entomófagos e 2) agentes patogénicos. No primeiro grupo, que será discutido neste capítulo, estão os organismos que consomem outros organismos, incluindo insectos e aracnídeos. Os agentes patogénicos, por outro lado, são caracterizados por organismos causadores de doenças e podem incluir uma grande variedade de organismos, tais como fungos, vírus, bactérias, protozoários e nemátodos (Dent, 2000).

Parasitóides

Os insectos entomófagos mais utilizados na luta biológica aplicada são as vespas parasitóides. O seu sucesso e a sua utilização preferencial devem-se ao seu maior nível de especialização em comparação com os predadores artrópodes (Bernal & España-Luna, 2020).

Os parasitóides são organismos abundantes que fazem parte da maioria das comunidades terrestres de organismos; pertencem a uma grande variedade de famílias de insectos e são conhecidos principalmente porque atacam pragas economicamente importantes. De facto, muitos insectos tornaram-se pragas porque escaparam aos seus parasitóides, quer porque foram transportados pelos humanos para novas regiões geográficas, quer porque os parasitóides não conseguem prosperar em paisagens agrícolas intensivas (Godfray, 2016).

Todos os parasitóides são insectos holometábolos, ou seja, passam por quatro fases de desenvolvimento, ovo, larva, pupa e adulto (Bernal & España-Luna, 2020). São definidos principalmente pelos seus hábitos alimentares. As fêmeas dos parasitóides põem os seus ovos sobre ou perto do corpo de outros artrópodes (os seus hospedeiros) para que, quando a larva eclode, se alimente exclusivamente do seu hospedeiro, causando a sua morte. Os parasitóides adultos alimentam-se principalmente de néctar e de substâncias doces, como a melada, provenientes das excreções dos insectos sugadores, mas algumas espécies podem também alimentar-se da hemolinfa dos seus hospedeiros (Godfray, 1994). Assim, os parasitóides que não só utilizam os seus hospedeiros para a reprodução mas também como fonte de alimento são considerados parasitóides e predadores, e são valorizados nos programas de controlo biológico devido ao seu duplo papel.

Uma caraterística importante que os tornou os inimigos naturais mais amplamente utilizados é a sua densa dependência dos seus hospedeiros (Bernal & España-Moon, 2020; DeBach & Rosen, 1991). Os parasitóides e os seus hospedeiros mantêm uma relação estreita, tanto a nível individual como populacional. Neste sentido, as populações de parasitóides estarão sujeitas a alterações nas densidades populacionais dos seus hospedeiros, pelo que, à medida que a população de pragas aumenta, o mesmo acontece com a população de parasitóides e vice-versa.

<u>Classificação dos parasitóides</u>

Três quartos dos parasitóides de insectos pertencem à ordem Hymenoptera, e o quarto restante é composto por insectos de outras ordens, principalmente Diptera e Coleoptera. Os parasitóides de Diptera têm uma gama de hospedeiros mais alargada do que os pertencentes a Hymenoptera ou Coleoptera (Eggleton & Belshaw, 1992). As vespas parasitoides pertencem a um grupo megadiverso de organismos, onde uma das subfamílias mais ricas em espécies é Ichneumonidae, também chamada de "vespas de Darwin" (Klopfstein et al., 2019).

Há várias formas de classificar os parasitóides de acordo com a sua biologia e ecologia. Por exemplo, são designados Endo- ou Ecto-parasitóides, consoante o local onde o ovo é depositado no hospedeiro. Podem também ser divididos consoante um ou mais organismos se desenvolvam num hospedeiro. Assim, os parasitóides gregários são aqueles em que vários indivíduos emergem de um único hospedeiro, enquanto os parasitóides solitários são aqueles em que apenas um adulto emerge por hospedeiro (Quicke, 1997).

Os parasitóides podem ser idiobiontes ou coinobiontes, consoante a forma como atacam e paralisam os seus hospedeiros. Os idiobiontes caracterizam-se por paralisar permanentemente os seus hospedeiros, enquanto os coinobiontes apenas os paralisam temporariamente para ovipositar. Os idiobiontes são geralmente considerados como ectoparasitóides, enquanto os coinobiontes são geralmente endoparasitóides (Godfray, 1994).

Uma outra forma de os classificar é pela fase do hospedeiro em que se desenvolvem, por exemplo, existem parasitóides de ovos, parasitóides de larvas, parasitóides de ninfas, parasitóides de pupas e parasitóides de adultos. Existem também parasitóides primários e secundários. Os parasitóides primários são aqueles que parasitam qualquer inseto ou artrópode em qualquer fase, exceto as espécies de parasitóides, enquanto os parasitóides secundários são aqueles especializados em parasitar outros parasitóides. Estes últimos são também conhecidos como hiperparasitóides. Geralmente, os parasitóides primários são utilizados na luta biológica aplicada (Bernal & España-Luna, 2020).

Predadores

No grupo dos predadores invertebrados existe uma grande diversidade de artrópodes. São espécies que durante alguma fase da sua vida matam e se alimentam de outros organismos para o seu desenvolvimento, manutenção e reprodução (Van Driesche et al., 2008). Os predadores caracterizam-se por se alimentarem de várias presas ao longo da sua vida, ao contrário dos parasitóides, que apenas necessitam de um hospedeiro para completar o seu desenvolvimento (Begon et al., 2006).

Estes organismos são maioritariamente generalistas, ou seja, alimentam-se de uma grande variedade de presas. Ao contrário dos parasitóides, são geralmente maiores do que as suas presas e podem alimentar-se em qualquer fase (dos ovos aos adultos). Muitos são noturnos e/ou crepusculares (caçam ao anoitecer ou ao amanhecer) e, para além das presas, consomem frequentemente seiva, pólen, néctar, melada e esporos de fungos (Van Driesche et al., 2008). Para encontrarem as suas presas, começam por localizar o habitat através de estímulos químicos, incluindo voláteis de plantas. Uma vez encontrado o sítio certo, utilizam a visão, os movimentos (como as vibrações) e outros estímulos químicos.

Os predadores utilizam uma variedade de métodos para caçar e capturar as suas presas. Espécies altamente móveis procuram ativamente entre a vegetação ou no solo, normalmente onde as presas são organismos mais pequenos, que são perseguidos e capturados, por exemplo, os manídeos e alguns hemípteros.

Outros predadores, como as aranhas-caranguejeiras, emboscam as suas presas, esperando-as nas flores (Van Driesche et al., 2008). As armadilhas são também utilizadas como método de caça por organismos como as larvas de formigas-lobo ou as aranhas que fazem teias. Outro método é o ataque em grupo, como é frequentemente utilizado por muitas formigas (Hajek, 2004).

Existem diferentes formas de os predadores se alimentarem das suas presas, sendo a mais comum a digestão extra-oral. Cerca de 79% dos predadores artrópodes utilizam-na como meio de alimentação. A digestão extra-oral ocorre através da injeção de enzimas digestivas na presa, fazendo com que os tecidos se liquefaçam e sejam depois ingeridos por sucção (Cohen, 1995). Outros predadores utilizam as suas mandíbulas para desmembrar e triturar as suas presas para se alimentarem (Hajek, 2004).

Para o controlo biológico, os grupos de insectos predadores mais importantes pertencem às ordens: Coleoptera, Hemiptera, Hymenoptera e Diptera e, dentro destas, às famílias: Anthocoridae, Nabidae, Reduviidae, Geocoridae, Carabidae, Coccinellidae, Nitidulidae, Staphylinidae, Chrysopidae, Formicidae, Cecidomyiidae e Syrphidae. Entre os ácaros, a família Phytoseiidae é a mais representativa (Van Driesche et al., 2008).

Principais pragas do limoeiro e seus inimigos naturais

As principais pragas do limão são também partilhadas pela maioria dos outros citrinos e, uma vez que os citrinos têm uma distribuição mundial, as suas pragas encontram-se a infestar os citrinos em todo o planeta. Além disso, muitas das pragas têm inimigos naturais com distribuições cosmopolitas que foram introduzidos em vários países em programas de controlo biológico. No entanto, também foram registados predadores e parasitóides nativos que atacam estas pragas. Para efeitos práticos, os inimigos naturais aqui mencionados são aqueles que foram registados no nosso país, quer sejam exóticos ou nativos. Além disso, é importante mencionar que, em alguns casos, esses inimigos naturais estão presentes apenas em algumas regiões do México, ou sua abundância e presença nos pomares muda dependendo das condições ambientais e do microclima de cada área. As principais pragas associadas aos limões e os seus inimigos naturais (parasitóides e predadores) registados no México são mencionados abaixo.

## 1.	Psilídeo asiático dos citrinos - *Diaphorina citri* (Kuwayama)

O psilídeo asiático dos citrinos é uma praga exótica que foi detectada no nosso país em 2002. A sua importância não reside apenas no facto de causar danos diretos à planta, mas também por ser o principal vetor da doença Huanglongbing ou HLB dos citrinos causada pela bactéria *Candidatus* Liberibacter spp. (Sánchez-González et al., 2015).

Seu principal inimigo natural é o ectoparasitóide especialista *Tamarixia radiata* (Waterston), que se alimenta externamente dos últimos estágios ninfais de *D. citri* e foi introduzido em vários países a partir de Punjab, na Índia (Shivankar et al., 2000). *Tamarixia radiata* é relatada em vários estados do país e acredita-se que tenha sido introduzida junto com seu hospedeiro, embora esteja sendo produzida e liberada pelo CNRCB (Centro Nacional de Referencia en Control Biológico) e pelo CESV (Comités Estatales de Sanidad Vegetal de los Estados) (SENASICA, 2015). *Diaphorencyrtus* sp. só foi relatado em Sinaloa, mas com níveis muito baixos de parasitismo natural (6,3%) em comparação com *T. radiata* que atingiu 59,6% de parasitismo natural (Cortez-Mondaca et al., 2010). Foi comunicada uma vasta gama de predadores que atacam *D. citri*, incluindo várias espécies de insectos das famílias Coccinellidae e Chrysopidae. Os Coccinellidae que foram registados até agora são: *Arawana* sp., *Axion* sp, *Azya* sp., *Azya orbigera, Brachiacantha decora, Brachiacantha testudo, Brachiacantha* sp., *Cycloneda sanguinea, Cycloneda* sp., *Chilocorus cacti, Chilocorus stigma, Chilocorus* sp, *Coleomegilla maculata, Coleomegilla* sp., *Curinus coeruleus, Delphastus* sp., *Exochomus* sp., *Harmonia axyrldls, Harmonia* sp., *Hippodamia convergens, Hippodamia* sp., *Nephus sp., Nephus* sp., *Pentilia* sp., *Scymnus distinctus, Scymnus loewii, Scymnus* sp, *Olla v-nigrum* e *Zagloba* sp.; as espécies de crisopídeos: *Chrysoperla* sp, *Chrysoperla rufilabris, Chrysoperla comanche, Ceraeochrysa cincta, Ceraeochrysa cubana, Ceraeochrysa claveri, Ceraeochrysa valida, Ceraeochrysa everes,*

Ceraeochrysa sp. e *Chrysopa* sp., ; o percevejo da família Reduviidae: Zelus longipes; a vespa predadora da família Vespidae: Brachygastra mellifica (Cortez-Mondaca et al, 2010; Kondo et al., 2017; Lozano-Contreras & Jasso-Argumedo, 2012).

Atualmente, estão sendo realizadas liberações inoculativas de *T. radiata* em vários estados citrícolas do país. Essas liberações são voltadas principalmente para quintais e pomares abandonados, embora em alguns locais estejam começando a ser liberadas em pomares comerciais com manejo mais orgânico. Por outro lado, em alguns estados, predadores como a *Chrysoperla carnea* são liberados e estão em produção em alguns laboratórios.

2.   Minador de folhas de citrinos - *Phyllocnistis citrella* (Stainton)

A larva-minadora dos citrinos é uma praga exótica que invadiu o nosso país, tendo sido inicialmente reportada em Tamaulipas num pomar de laranjas Valência em 1994 (Ruíz-Cancino & Coronado-Blanco, 1994). Os principais inimigos naturais observados são parasitóides himenópteros das famílias Eulophidae: *Chrysocharodes* n.sp., *Cirrospilus floridensis*, *Cirrospilus* sp., *Closterocerus* ca. *cinctipennis*, *Galeopsomyia fausta*, *Horismenus* sp, *Pnigalio* sp., *Tetrastichus* sp., *Zagrammosoma multilineatum*; da família Elasmidae: *Elasmus tischeriae* e da família Encyrtidae: *Ageniaspis citricola* e *Metaphycus* sp. (González-Acosta et al., 2015) (Ruíz-Cancino et al., 2001). Foi relatado que indivíduos dos géneros Cirrospilus, Horismenus, Zagrammosoma, Pnigalio e Elasmus causam mortalidades de até 22,1 % (Martínez-Bernal et al., 1999). Em Nuevo León, Z. multilineatum foi considerado o parasitoide dominante, atingindo até 38% do total de espécies recolhidas (Legaspi et al., 2001). Todas estas espécies foram encontradas a parasitar naturalmente a cigarrinha-das-pastagens, pelo que até agora não existe nenhum programa de libertação para o controlo biológico desta praga.

Por outro lado, também foram registados os seguintes predadores: *Chrysoperla* sp., *Chrysoperla rufilabris* (Neuroptera: Chrysopidae), *Hippodamia convergens* (Coleoptera: Coccinellidae) e *Orius insidiosus*; *Chrysoperla* sp. (Hemiptera: Anthocoridae) é referido como o mais abundante (Legaspi et al., 2001; Martínez-Bernal et al., 1999).

3. Mosca branca dos citrinos - *Aleurothrixus floccosus* (Maskell)

A mosca branca dos citrinos (cottony ou woolly citrus whitefly) é de origem neotropical e foi descrita na Jamaica, no entanto, já está presente em todo o mundo onde se cultivam citrinos (Martin & Mound, 2007; S. N. Myartseva & Coronado-Blanco, 2007). Os principais inimigos naturais que foram descritos para o nosso país são parasitóides himenópteros da família Aphelinidae. As espécies mais importantes são: *Eretmocerus comperei, Eretmocerus jimenezi,*

Eretmocerus longiterebrus, *Eretmocerus naranjae*, *Eretmocerus paulistus*, *Eretmocerus portoricensis*, *Encarsia americana*, *Encarsia citrella*, *Encarsia dominicana*, *Encarsia formosa*, *Encarsia haitiensis*, *Encarsia macula*, *Encarsia quaintancei*, *Encarsia tapachula* e *Cales noacki* e *Signiphora townsendi* da família Signiphoridae (Carapia-Ruiz et al., 2009; S.

N. Myartseva & Coronado-Blanco, 2007; S N Myartseva et al., 2013; Myartzeva et al., 2017).

Embora não existam registos de predadores de *A. floccosus* no nosso país, no Arizona e no Texas, nos EUA, referem que várias espécies de predadores generalistas associados aos citrinos se alimentam deles. Exemplos destes predadores são os crisopídeos, catarinas, tripes e ácaros predadores, insectos como *Orius* e nabídeos, bem como várias espécies de aranhas (Kerns et al., 2004).

4. Mosca negra dos citrinos - *Aleurocanthus woglumi* (Ashby)

O primeiro caso de controlo biológico bem sucedido no México foi com esta praga. A mosca dos citrinos é um hemíptero da família Aleyrodidae de origem asiática, que foi introduzido acidentalmente em Sinaloa em 1935 (Arredondo-Bernal & Rodríguez del Bosque, 2020; Myartseva, 2005). Em 1949, após a mosca da fruta ter causado estragos em várias regiões citrícolas do país, foram introduzidos os parasitóides da família Aphelinidae, *Encarsia opulenta* (atualmente *Encarsia perplexa*), *Encarsia clypealis*, *Encarsia smithi* e *Amitus hesperidium* (Platigastridae). Além disso, foi libertado o coccinelídeo *Delphastus pusillus*, que, em conjunto, controlou *A. woglumi* (Perales-Gutiérrez et al., 1999).

Amitus hesperiduim (Silvestri) é um parasitoide himenóptero da família Platigastridae originário da Índia e foi introduzido no México para controlar a mosca-dos-citros (*Aleurocanthus woglumi*, Ashby) (Nguyen, 2018). Após a sua libertação no México, teve tanto sucesso que é agora a forma mais eficaz e recomendada de controlar a praga (Smith et al., 1964). Juntamente com o parasitoide introduzido *Encarsia perplexa* (muitas vezes confundido com *E. opulenta*), que também já se encontra amplamente distribuído pelo país, conseguiram um controlo muito eficaz em todo o país (Myartseva, 2005).

Os predadores da mosca da fruta quase não são mencionados na literatura devido ao sucesso do controlo conseguido com parasitóides. Alguns predadores que se alimentam principalmente de ovos, tais como catarinae do género *Delphastus* e larvas de Neuroptera do género *Chrysopa*, são mencionados para El Salvador (Quezada, 1974). No México, para além de *D. pusillus*, há relatos de uma espécie de coccinelídeo do género *Scymnus* atacando *A. woglumi* (Arredondo-Bernal & Rodríguez del Bosque, 2008).

5.   Floco de neve - *Unaspis citri* (Comstock)

A cochonilha dos citrinos é uma praga muito comum e recorrente do limoeiro e dos citrinos em geral. Quando a infestação é muito elevada, pode ocorrer desfolha, dessecação dos ramos e até a morte da árvore. Alimenta-se geralmente do tronco e dos ramos, mas pode ser encontrada também nas folhas e nos frutos (Coronado-Blanco & Ruiz-Cancino, 1995). Distribui-se por todo o país, mas com infestações mais intensas nas zonas mais secas (Coronado-Blanco et al., 2006).

Foram registadas várias espécies de parasitóides que atacam *U. citri* na Flórida, com potencial distribuição no México, tais como *Aspidiotiphagus lounsburyi, Aspidiotiphagus citrinus, Aphytis lingnanensis, Aphytis proclia, Aphytis maculicornis, Aphytis mytilaspidis, Aphytis chrysomphali, Aphytis coheni, Aphytis melinus, Aphytis lycimnia, Aphytis agilior* e *Arrhenophagus albitibiae* (Coronado-Blanco & Ruiz-Cancino, 1995). No México não existe um programa de controlo biológico da cochonilha da neve, mas os seus principais inimigos naturais estão presentes em todas as zonas de cultivo de citrinos do país. Entre os parasitóides registados no México, há duas famílias de Hymenoptera que a atacam: Aphelinidae e Encyrtidae. Os géneros de afelinídeos são *Aphytis, Encarsia* e *Aspidiotiphagus*, enquanto o encyrtidae é do género *Arrhenophagus* (Coronado-Blanco et al., 2006; Ruíz-Cancino et al., 2006).

Por outro lado, os predadores que atacam *U. citri* são principalmente coleópteros da família Coccinellidae dos géneros *Exochomus* e *Hyperaspis*; em Colima, *Chilocorus cacti* foi observado a alimentar-se da cochonilha (Coronado-Blanco et al., 2006); e em Tamaulipas, *Zagloba beaumonti* foi relatado como predador (Coronado-Blanco et al., 2000). Há também um relato de um díptero da família Asilidae chamado *Atomosia macquarti*, predando escamas no estado de Tamaulipas (Coronado-Blanco & Ruiz-Cancino, 1999).

6.   Escama ou escama mole - *Coccus hesperidum* (Linnaeus)

Também conhecido por cochonilha castanha, *Coccus hesperidum* é um inseto da família Coccidae com uma distribuição cosmopolita e polífaga que ataca uma grande variedade de plantas em regiões tropicais e subtropicais. No nosso país, é a espécie mais comum registada a atacar citrinos, outras árvores de fruto e plantas ornamentais. Encontram-se geralmente nos ramos e folhas e, embora não representem frequentemente um perigo para as plantas, ocasionalmente tornam-se um problema para os produtores de citrinos (Myartzeva & Ruiz-Cancino, 2011). Existem vários relatos de inimigos naturais que se alimentam delas, mas destacam-se as vespas parasitóides das famílias Aphelinidae e Encyrtidae (Myartzeva, 2006). As principais espécies de parasitóides associadas ou encontradas a parasitar *C. hesperidum* em citrinos no México pertencem aos géneros *Coccophagus*, *Encyrtus* e *Metaphycus*. As espécies de afelinídeos são: *Coccophagus bimaculatus*, *Coccophagus lycimnia*, *Coccophagus pulvinariae*, *Coccophagus quaestor*, *Coccophagus rusti*, *Marietta mexicana*; Encyrtids: *Anicetus annulatus*, *Encyrtus aurantii*, *Metaphycus anneckei*, *Metaphycus flavus*, *Metaphycus helvolus*, *Metaphycus maculipes*, *Metaphycus pulvinariae*,

Metaphycus stanleyi e *Metaphycus nietneri* (Myartseva & Ruiz-Cancino, 2004; Myartzeva & Ruiz-Cancino, 2011). No México não há registos de predadores que se alimentem da cochonilha, mas outros países relatam algumas espécies de coccinelídeos que também estão presentes no nosso país e que poderiam exercer algum controlo natural. Os géneros de catarinae encontrados a atacar *C. hesperidum* são *Chilocorus*, *Brumoides*, *Exochomus* e *Azya*, bem como a espécie *Cryptolaemus montrouzieri* (CABI, 2020a; León & Kondo, 2017). A mariposa *Laetilia coccidivora* (Lepidoptera: Pyralidae) é relatada em outros países como predadora dessa escala e está presente no México, embora não tenha sido relatada como predadora.

Embora não tenha sido relatado que se alimenta especificamente de *C. hesperidum*, é relatado que ataca a cochonilha *Diaspis echinocacti* (Vanegas-Rico et al., 2018).

7. Piolho dos citrinos - *Planococcus citri* (Risso)

A cochonilha ou cochonilha dos citrinos é uma praga comum, originária da Ásia, mas atualmente distribuída por todo o mundo. É um inseto polífago que se alimenta principalmente das partes aéreas das plantas, como caules, botões de flores e frutos jovens, mas também pode ser encontrado nas raízes (León & Kondo, 2017; Rosas-Garcja et al., 2009).

Foram testados diferentes agentes de controlo biológico, entre os quais alguns parasitóides da família Encyrtidae, como *Anagyrus kamali, Anagyrus pseudococci, Coccidoxenoides peregrinus* e *Leptomastidea abnormis*, mas sem sucesso, pois em alguns casos *P. citri* consegue encapsular os ovos do parasitoide e impedir o seu desenvolvimento (Blumberg & Van Driesche, 2001; Ruíz-Cancino et al., 2006). O parasitoide *Leptomastix dactylopii* também foi libertado, mas a sua preferência por parasitar o terceiro e quarto instares do piolho não é suficiente para conseguir uma redução significativa da praga. Por este motivo, o predador coccinelídeo nativo da Austrália *Cryptolaemus montrouzieri* tem sido utilizado no México e tem-se revelado muito eficaz (Rosas-Garcja et al., 2009).

Na Flórida, EUA, também relatam outros predadores como *Sympherobius barberi* e *Chrysopa lateralis* (Neuroptera: Chrysopidae), larvas de moscas da família Syrphidae, a traça *Laetilia cocidivora* (Lepidoptera: Pyralidae) e coccinelídeos como *Decadiomus bahamicus, Scymnus flavifrons, Chilocorus stigma* e *Olla abdominalis* (Gill et al., 2012).

8.   Pulgão castanho dos citrinos - *Aphis* (*Toxoptera*) *citricidus* (Kirkaldy)

Considera-se que o pulgão do café é originário da Ásia, de onde provêm os citrinos, uma vez que se sabe que está amplamente distribuído por quase todo o mundo. As últimas regiões onde foi detectado foram a América do Norte e a América Central (CABI, 2020b; León & Kondo, 2017). No México, foi detectada em 2000 no norte da Península de Yucatán (Michaud & Alvarez, 2000). A sua importância reside não só nos danos físicos que causa nos rebentos das árvores de citrinos, mas também porque é um vetor eficiente do closterovírus responsável pela doença da Tristeza dos Cítricos (CTV), que causa a morte das árvores de citrinos (Michaud, 1998).

Procurou-se inimigos naturais do pulgão do café em todo o mundo, e muito poucos parasitóides foram encontrados para atacar a praga. Talvez a única espécie de parasitoide que exerce algum controle seja *Lysiphlebia japonica* (nativa do Japão), porém, liberações foram feitas na Flórida sem muito sucesso, de modo que a maioria dos estudos se concentrou em encontrar predadores eficientes (Michaud, 1998). Na Flórida, sete candidatos a coccinelídeos foram avaliados como controladores de pulgões, e descobriu-se que a espécie com maior potencial era *Cycloneda sanguinea* (Michaud, 2000). Mais de 100 espécies de inimigos naturais foram identificadas em todo o mundo, das quais cerca de 18 estão presentes no México (SENASICA, 2019).

O controlo biológico de *T. citricidus* no México centrou-se na utilização de predadores. Para isso, foram feitas libertações do coccinelídeo exótico *Harmonia axidiris* e de outros predadores nativos como *Ceraeochrysa claveri*, *Cycloneda sanguinea* e *Olla v-nigrum*, no entanto, o seu impacto não foi quantificado (Arredondo-Bernal & Rodríguez del Bosque, 2020).

9. Pulgão negro dos citrinos - *Aphis* (*Toxoptera*) *aurantii* (Boyer de Fonscolombe)

O Aphis aurantii é um afídeo que ataca várias espécies de plantas, principalmente citrinos, e está presente em todos os continentes do planeta (Villalobos-Muller et al., 2010). A sua importância reside no facto de danificar os rebentos e as folhas tenras das plantas, afectando o seu crescimento, mas sobretudo por ser um vetor de vírus. No México, está distribuída em pelo menos 26 estados (Rodríguez-Palomera et al., 2017).

O parasitoide mais comum registado no México que parasita o pulgão preto é *Lysiphlebus testaceipes*. Pertence à família Braconidae e é considerado polifágico, parasitando 32 espécies de afídeos de importância económica. Os predadores são mais diversificados e atacam as diferentes fases do afídeo. Entre os mais comuns estão os Coleópteros da família Coccinellidae: *Arawana* sp, *Brachyacantha subfasciata*, *Brachyacantha dentipes*, *Brachyacantha quadrillum*, *Cycloneda sanguinea*, *Hippodamia* sp, *Hyperaspis connectens*, *Hyperaspis levrati*, *Olla v-nigrum*, *Mulsantina leucodorsa*, *Psyllobora renifer*, *Scymnus tenebricus*, *Scymnus marginicollis*, *Scymnus loweii* e *Stethorus* sp.da família Syrphidae de Diptera: *Ocyptamus* sp. e *Pseudodoros clavatus*; e os neurópteros da família Chrysopidae: *Chrysoperla rufilabris*, *Chrysoperla bimaculata*, *Chrysoperla externa*, *Chrysoperla comanche*, *Suarius* (*Chrysopodes*) *collaris* e *Laucochrysa* (*Nodita*) sp. Todos estes inimigos naturais exercem um controlo natural, pelo que é fundamental evitar aplicações muito frequentes de insecticidas (Cambero-Nava et al, 2019; Gaona-García et al., 2000).

## 10.	Pulgão verde dos citrinos - *Aphis spiraecola* (Patch)

O pulgão verde dos citrinos é um pulgão polífago de origem asiática que se encontra atualmente distribuído em todas as regiões tropicais e temperadas do mundo. A sua importância na indústria dos citrinos reside no facto de causar danos diretos nos rebentos tenros, bem como de ser um vetor de vírus, incluindo o vírus da tristeza dos citrinos (León & Kondo, 2017; Villalobos-Muller et al., 2010).

Tal como acontece com os afídeos castanhos e pretos, existem poucas espécies de parasitóides nas Américas que os atacam e conseguem reduzir as suas populações. No entanto, eles têm uma grande variedade de predadores das famílias Coccinellidae (Coleoptera), Syrphidae (Diptera) e Chrysopidae (Neuroptera). De um modo geral, as espécies de predadores que se alimentam dos afídeos *A. citricidus* e *A. aurantii* são as mesmas que as registadas para *A. spiraecola* (Gaona-García et al., 2000).

Embora os coccinelídeos sejam conhecidos por serem predadores generalistas que atacam afídeos, há algumas espécies que têm preferência por afídeos verdes e/ou se alimentam melhor deles, como *Coleomegilla maculata fuscilabris*,

Cycloneda sanguinea e *Harmonia axyridis* (Michaud, 2000).

11.   Tripes (Thysanoptera: Thripidae)

Os tripes são insetos sugadores de aproximadamente 1 mm de comprimento, e geralmente se alimentam do conteúdo das células vegetais, especialmente em flores, folhas e frutos, que, quando cicatrizados, diminuem seu valor, além do fato de poderem ser vetores de vírus (León & Kondo, 2017). Em geral, não são considerados uma praga importante para a cultura do limão, mas como resultado do uso excessivo de inseticidas, suas populações aumentaram a ponto de causar perdas econômicas significativas (Miranda-Salcedo, 2019).

As espécies de tripes que foram encontradas a afetar os limões mexicanos são *Frankliniella bispinosa*, *Frankliniella cephacila*, *Frankliniella curticornis*, *Frankliniella occidentalis*, *Frankliniella insularis*, *Scirtothrips citri*, *Scirtothrips persae*, *Scolothrips sexmaculatus* e *Leptotrips* sp. (Avendaño-Gutiérrez et al., 2020; Miranda-Salcedo, 2019).

Os tripes são muito difíceis de controlar com insecticidas, devido ao seu estilo de vida oculto, pelo que o controlo biológico é a opção mais adequada (Loomans, 2003). Os inimigos naturais dos tripes são principalmente tripes e ácaros predadores, embora também tenham sido relatados antocorídeos (Hemiptera: Anthocoridae), crisopídeos (Neuroptera: Chrysopidae), catarinae (Coleoptera: Coccinellidae) e sirfídeos (Diptera: Syrphidae) (León & Kondo,

2017; Loomans, 2003; Miranda-salcedo, 2019). Para as culturas em estufa, é muito comum libertar ácaros predadores do género *Amblyseius* e insectos do género *Orius* (Lenteren & Loomans, 1995). Verificou-se que, no caso de infestações graves de tripes no limoeiro, é melhor reduzir as aplicações de insecticidas químicos e gerir bem as ervas daninhas, que servem de refúgio a predadores de tripes como *Chrysoperla rufilabris*, *Ceraeochrysa cincta*, *Stetorus* sp, *Cycloneda sanguinea*, *Hippodamia convergens*, *Olla v-nigrum*, *Zelus renardii*, *Leptotrips* sp. e várias espécies de ácaros (Atakan & Pehlivan, 2019; Miranda-salcedo, 2019).

Os tripes predadores que foram encontrados a atacar tripes economicamente importantes nos limões são *Scolothrips sexmaculatus*, *Leptothrips mcconelli*, *Stomatothrips brunneus* e *Scolothrips palidus* (Avendaño-Gutiérrez et al., 2020).

12.   Ácaro da aranha - *Tetranychus urticae* (Koch)

O ácaro vulgarmente designado por ácaro vermelho é uma praga comum em várias culturas, incluindo os citrinos. As suas populações causam perdas económicas devido a manchas nos frutos (Pascual-Ruiz et al., 2014). A forma mais difundida de controlo tem sido o uso de insecticidas químicos, no entanto, este método deixa de ser eficaz se o seu uso for prolongado por muito tempo. Uma alternativa que vem sendo explorada há vários anos é o manejo agroecológico, onde se explora o conhecimento das pragas e suas relações ecológicas com outros organismos e seu habitat. Uma abordagem é a utilização do controlo biológico de conservação, em que se observou que uma elevada diversidade de inimigos naturais diminui a probabilidade de as populações de pragas, como os ácaros, excederem o limiar dos danos económicos (Jonsson et al., 2008).

Os principais inimigos naturais de *T. urticae* que são especialistas na alimentação de ácaros, e que também são muito abundantes nos citrinos, são os coccinelídeos dos géneros *Stethorus* e *Parastethorus*, bem como os ácaros predadores da família Phytoseidae. Outros coccinelídeos alimentam-se destes ácaros, mas não são a sua principal fonte de alimento, como *Hippodamia convergens, Coleomegilla maculata, Harmonia axydiris, Olla abdominalis, Adalia, Eriopus, Hyperaspis, Scymnus* e *Psillobora* (Biddinger et al., 2009; León & Kondo, 2017).

Outros inimigos naturais comuns são insectos dos géneros *Anthocoris* e *Orius*, bem como crisopídeos como *Chrysoperla carnea, Chrysoperla rufilabris* e até tripes predadores do género *Leptotrips* (Miranda-salcedo et al., 2020) (León & Kondo, 2017).

Os ácaros predadores dos géneros *Amblyseius, Phytoseiulus* e *Neoseiulus* têm sido utilizados em programas de controlo biológico em todo o mundo para o controlo de ácaros como o *T. urticae* e outros que são comuns em estufas. No entanto, também são comuns em citrinos, atacando naturalmente os ácaros-aranha (Mcmurtry et al., 2015).

Literatura citada

Ables, J. R. & Ridgeway, R. L. (1981). Augmentation of entomophagous arthropods to control insect pests and mites. *In:* Biological control in crop production. pp: 273-305. G. Papavizas (ed.) Allanheld, Osmun Pub. London.

Agut, B., Gamir, J., Jacas, JA, Hurtado, M., & Flors, V. (2014). Diferentes respostas metabólicas e genéticas em citros podem explicar a suscetibilidade relativa a *Tetranychus urticae. Pest Manag Sci*, 70 (11), 1728-1741. https://doi.org/10.1002/ps.3718

Arredondo-Bernal, Hugo César, & Rodríguez del Bosque, L. Á. (Eds.) (2008). Casos de controlo biológico no México. Mundi Prensa México.

Arredondo-Bernal, H. C.; Sánchez-González, J. A.; Mellín-Rosas, M. A. (2013). Citrus HLB: Status e gerenciamento. Workshop Sub-regional sobre Controlo Biológico de Diaphorina citri, vetor do HLB (65 pp.14-15). Panamá, Panamá. https://www.fao.org/publications/card/en/c/87b23b38-4c33-5e9d-9484-d260c683bc73/

Arredondo-Bernal, Hugo César, & Rodríguez del Bosque, L. Á. (Eds.) (2008). *Casos de controlo biológico no México*. Mundi Prensa México.

Arredondo-Bernal, Hugo César, & Rodríguez del Bosque, L. Á. (2020). Programas de controlo biológico no México. Em Hugo C. Arredondo-Bernal, F. Tamayo-Mejía, & L. Á. Rodríguez del Bosque (Eds.), *Fundamento y práctica del control biológico de plagas y enfermedades (*1st ed., pp. 523- 546).

Biblioteca Básica de Agricultura.

Atakan, E., & Pehlivan, S. (2019). Influência do manejo de ervas daninhas na abundância de espécies de tripes (Thysanoptera) e do inseto predador , Orius niger (Hemiptera : Anthocoridae) em tangerina cítrica. *Applied Entomology and Zoology, 55*(1), 71-81. https://doi.org/10.1007/s13355-019-00655-9

Arredondo-Bernal, Hugo César, & Rodríguez del Bosque, L. Á. (2020). Programas de controle biológico no México. *Em* Hugo C. Arredondo-Bernal, F. Tamayo-Mejía, & L. Á. Rodríguez del Bosque (Eds.), Fundamento y práctica del control biológico de plagas y enfermedades (1st ed., pp. 523- 546). Biblioteca Básica de Agricultura.

Atakan, E., & Pehlivan, S. (2019). Influência do manejo de ervas daninhas na abundância de espécies de tripes (Thysanoptera) e do inseto predador, *Orius niger* (Hemiptera: Anthocoridae) em tangerina cítrica. *Applied Entomology and Zoology*, 55(1), 71-81. https://doi.org/10.1007/s13355-019-00655-9

Avendaño-Gutiérrez, F. J., Johansen-Maime, R. M., Equihua-Martínez, A., Carrillo-Sánchez, J. L., González-Hernández, H., & Aguirre-Paleo, S. (2020). Thysanoptera que afetam a lima mexicana (Citrusx aurantifolia (CHristm) Swingle) em Apatzingán, Michoacán, México. *Agro Productividad, 13*(4), 3-9.

Bassanezi R. B. (2012). Epidemiologia do Huanglongbing em citros. IV Simpósio Nacional e III Internacional de Bactérias Fitopatogénicas.

Guadalajara. Jalisco. México.

Begon, M., Townsend, C. R., & Harper, J. L. (2006). *Ecology: From individuals to ecosystems* (4ª ed.). Blackwell Publishing.

Bernal, J. s., & España-Luna, M. P. (2020). Biologia, ecologia e etologia de parasitoides. In Hugo César Arredondo-Bernal, F. Tamayo-Mejía, & L. A. Rodríguez-del-Bosque (Eds.), *Fundamento y práctica del control biológico de plagas y enfermedades (*1st ed., pp. 139-154). Biblioteca Básica de Agricultura.

Biddinger, D. J., Weber, D. C., & Hull, L. A. (2009). Coccinellidae como predadores de ácaros: Stethorini no controlo biológico. *Biological Control*, *51*(2), 268-

283. https://doi.org/10.1016/j.biocontrol.2009.05.014

Blumberg, D., & Van Driesche, R. G. (2001). Taxas de encapsulamento de três parasitóides de encyrtid por três espécies de cochonilhas (Homoptera: Pseudococcidae) encontradas normalmente como pragas em estufas comerciais. *Biological Control*, *22*(2), 191-199. https://doi.org/10.1006/bcon.2001.0966

Bové J. M. (2006). Revisão convidada. Huanglongbing: uma doença centenária destrutiva e recém-emergente dos citrinos. Journal of Plant Pathology 88 (1), 7-37.

CABI. (2020a). *Compêndio de espécies invasivas: Coccus hesperidum (escama mole castanha)-Datasheet.* https://www.cabi.org/isc/datasheet/14664

CABI. (2020b). *Invasive species compendium: Toxoptera citricida (black citrus aphid)-Datasheet.* https://www.cabi.org/isc/datasheet/54271#top-page

Caltagirone, L., & Doutt, R. (1989). the History of the Vedalia the Development *Annual Review of Entomology, 34,* 1-16.

Cambero-Nava, K. G., Rodríguez-Palomera, M., Cambero-Ayón, C. B., & Cambero-Campos, O . J . (2019). ASPECTOS BIOLÓGICOS DE Cycloneda sanguinea Linnaeus, 1763 (COLEOPTERA: COCCINELLIDAE) ALIMENTANDO-SE DO Aphis aurantii APHIS, Boyer de Fonscolombe, 1841 (HEMIPTERA: APHIDIDAE). *Entomologia Agrícola, 6,* 271-279. https://www.socmexent.org/entomologia/revista/2019/EA/EA 271-279.pdf

Carapia-Ruiz, V. E., Castillo-Gutiérrez, A., Roldán-Reyes, J. L., & Evans, Gregory, A. (2009). Parsitoides de moscas brancas (Hemiptera: Aleyrodidae) de Morelos, México. *Pesquisa Agrícola, 6*(1), 1-12.

Cohen, A. C. (1995). Digestão extra-oral em artrópodes terrestres predadores. *Revisão Anual de Entomologia, 40,* 85-103.

Coronado-Blanco, J. M., & Ruiz-Cancino, E. (1995). Parasitismo natural da cochonilha dos citros, Unaspis citri (Homoptera: Diaspididae), em Tamaulipas, México. *Folia Entomologica Mexicana, 94,* 65-66.

Coronado-Blanco, J. M., & Ruiz-Cancino, E. (1995). *Parasitismo* natural da cochonilha dos citros, *Unaspis citri* (Homoptera: Diaspididae), em Tamaulipas, México. Folia Entomologica Mexicana, 94, 65-66.

Coronado-Blanco, J. M., & Ruiz-Cancino, E. (1999). Primeiro registo de *Atomosia macquarti* Bellardi (Diptera: Asilidae) como predador de *Unaspis citri* (Comstock) (Homoptera: Diaspididae). *Folia Entomologica Mexicana*, 105, 81-82.

Coronado-Blanco, J. M., Ruiz-Cancino, E., & Marín-Jarillo, A. (2000). Registo da associação predatória de *Zagloba beaumonti* Casey (Coleoptera: Coccinellidae) com *Unaspis citri* (Comstock) (Homoptera: Diaspididae). *Ata Zoologica Mexicana* (N.S.), 79, 277-278.

Coronado-Blanco, J. M., Ruiz-Cancino, E., & Pérez-Serrato, P. (2006). Controlo biológico da cochonilha-das-neves *Unaspis citri* (Comstock).

Coronado-Blanco, J. M., Ruiz-Cancino, E., & Pérez-Serrato, P. (2006). *Controlo*
controlo biológico da cochonilha-das-neves Unaspis citri (Comstock).

Cortés-Moncada, M. E., López-Arroyo, J. I., Hernández-Fuentes, L. M., Fu-Castillo, A. F. e Loera-Gallardo, J. G. (2010a). Controlo químico de *Diaphorina citri* Kuwayama em citrinos doces no México: Seleção de insecticidas e calendário de aplicação. Folheto Técnico n.º 35. INIFAP-México 22 p. http://www.siafeson.com/sitios/simdia/docs/fichas_tecnicas/control_quimico_diapho.pdf

Cortez-Mondaca, E., Lugo-Angulo, N. E., Pérez-Márquez, J., & Apodaca-Sánchez, M. Á. (2010b). Primeiro Relatório de Inimigos Naturais e Parasitismo em *Diaphorina citri* Kuwayama em Sinaloa, México. *Southwestern*

Entomologista do Sudoeste, *35*(1), 113–116.
https://doi.org/10.3958/059.035.0113

Cortez-Mondaca, E., Lugo-Angulo, N. E., Pérez-Márquez, J., & Apodaca-Sánchez, M. Á. (2010). Primeiro Relatório de Inimigos Naturais e Parasitismo em Diaphorina citri Kuwayama em Sinaloa, México. *Sout*

Choi, W. I., Lee, S. G., Park, H. M., & Ahn, Y. J. (2004). Toxicidade de óleos essenciais de plantas para *Tetranychus urticae* (Acari: Tetranychidae) e *Phytoseiulus persimilis* (Acari: Phytoseiidae). *of economic entomology*, 97(2), 553-558. https://doi.org/10.1093/jee/97.2.553

DeBach, P., & Rosen, D. (1991). *Controlo biológico por inimigos naturais*. Cambridge University Press.

Dent, D. (2000). *Gestão de pragas de insectos* (2ª ed.). CABI Publishing.

Eggleton, P., & Belshaw, R. (1992). Insect parasitoids: an evolutionary overview. *Philosophical Transactions - Royal Society of London, B, 337*(1279), 1-20. https://doi.org/10.1098/rstb.1992.0079

Fleschner, C. A. (1959). Biological Control of Insect Pests (Controlo Biológico de Pragas de Insectos). *Science, 129*(3348), 537-544. https://www.jstor.org/stable/1757805

Fonte, A., Garcerá, C., Tena, A., & Chueca, P. (2019). Validação do CitrusVol para ajuste do volume de pulverização em tratamentos contra *Tetranychus urticae* em Clementinas. Agronomia, 10 (1), 32. MDPI AG. Recuperado de http://dx.doi.org/10.3390/agronomy10010032

Gaona-García, G., Ruíz-Cancino, E., & Peña-Martínez, R. (2000). Afídeos (Homoptera: Aphididae) e seus inimigos naturais na laranja, Citrus sinensis (L.), na região central de Tamaulipas, México. *Ata Zoologica Mexicana (N.S.)*, *81*, 1-12.

Gill, H. K., Goyal, G., & Gillett-Kaufman, J. (2012). Cochonilha dos citrinos Planococcus citri (Risso) (Insecta : Hemiptera : Pseudococcidae). *EDIS*, *EENY-537*, 1-4.

Godfray, H. C. (1994). *Parasitóides: ecologia comportamental e evolutiva.* Princeton University Press.

Godfray, H. C. J. (2016). Quatro décadas de ciência de parasitoides. *Entomologia Experimentalis et Applicata*, *159*(2), 135–146. https://doi.org/10.1111/eea.12413

González-Acosta, F. A., Cambero-Campos, J., Estrada-Virgen, M. O., Robles-Bermúdez, A., Peña-Sandoval, G. R., & Coronado-Blanco J. M. (2015). Parasitismo de Citrus leafminer (*Phyllocnistis citrella* Stainton) em lima persa em Xalisco, Nayarit. Entomología Mexicana, 2(maio), 186-192.

Hajek, A. (2004). *Inimigos naturais, uma introdução ao controlo biológico.* (Cambridge University Press (Ed.); 1ª ed.).

Halbert, S. E. & Manjunath, K. L. (2004). Asian Citrus Psyllid (Sternorrhyncha: Psyllidae) e a doença do greening dos citrinos; revisão da literatura e avaliação do risco na Florida. *Florida Entomologist,* 87,330-353.

Hill, M. P., Macfadyen, S., & Nash, M. A. (2017). A aplicação de pesticidas de amplo espetro altera as comunidades de inimigos naturais e pode facilitar surtos de pragas secundárias. *PeerJ, 5,* e4179. https://doi.org/10.7717/peerj.4179

Huang, H. T., & Yang, P. (1987). A antiga formiga cítrica cultivada. *BioScience,*
37(9), 665-671. https://doi.org/10.2307/1310713

Johansen, R.M. (2001). Thrips of importance in fruit growing in Mexico. In Memoria del XIV Curso Internacional de Actualización Frutícola "Aspectos fitosanitarios en la Fruticultura". Fundación Salvador Sánchez Colín CICTAMEX, S.C., Tonatico, México. p. 23-32.

Johnsson, M., Wratten, S. D., Landis, D. A., & Gurr, G. M. (2008). Avanços recentes na conservação do controlo biológico de artrópodes por artrópodes. *Biological Control,* 45, 172-175.

https://doi.org/10.1016/j.biocontrol.2008.01.006

Kondo, T., González, G., & Guzman-Sarmiento, Y. C. (2017). Inimigos naturais de *Diaphorina citri.* Em T. Kondo (Ed.), *Protocolo de criação e liberação de Tamarixia radiata Waterston (Hymenoptera: Eulophidae)* (1ª ed., Edição de julho de 2018, pp. 23-32). CORPOICA Editorial. https://www.researchgate.net/publication/319703277

Klopfstein, S., Santos, B. F., Shaw, M. R., Alvarado, M., Bennett, A. M. R., Dal Pos, D., Giannotta, M., Herrera Florez, A. F., Karlsson, D., Khalaim, A. I.,

Lima, A. R., Mikó, I., Sääksjärvi, I. E., Shimizu, S., Spasojevic, T., Van Noort, S., Vilhelmsen, L., & Broad, G. R. (2019). Vespas de Darwin: um novo nome anuncia esforços renovados para desvendar a história evolutiva de Ichneumonidae. *Entomological Communications*, 1 , ec01006. https://doi.org/10.37486/2675-1305.ec01006

Legaspi, J. C., French, J. V., Zuñiga, A. G., & Legaspi, B. C. (2001). Dinâmica populacional do parasita dos citrinos, *Phyllocnistis citrella* (Lepidoptera: Gracillariidae), e dos seus inimigos naturais no Texas e no México. Biological Control, 21(1), 84-90. https://doi.org/10.1006/bcon.2000.0907

Lenteren, J. C. Van, & Loomans, A. J. M. (1995). *Biological control of thrips pests* (Vol. 1). Universidade Agrícola de Wageningen.

León, G., & Kondo, T. (2017). *Insectos e ácaros dos citrinos* (2ª ed.). CORPOICA Editorial. http://editorial.agrosavia.co/index.php/publicaciones/catalog/download/10 /8/97-1?inline=1

López-Arroyo, J. I., Loera, J., Jasso. J., Reyes, M. A., Cabrera, Cortez, E., Miranda, M.A., Fú, A., Rodríguez, R. & Acosta, E. (2008). Avanços na investigação para a gestão do psilídeo asiático dos citrinos no México. Reunião Fitossanitária Nacional, SENASICA. Acapulco Guerrero, novembro.

Loomans, A. (2003). *Parasitóides como agentes de controlo biológico de tripes*. Universidade de Wageningen.

Lozano-Contreras, M. G., & Jasso-Argumedo, J. (2012). Identificação de inimigos naturais de Diaphorina Citri Kuwayama (Hemiptera: Psyllidae) no Estado de Yucatan, México. *Phytosanidad, 16*(1), 5-11.

Martin, J. H., & Mound, L. A. (2007). Uma lista de verificação anotada das moscas brancas do mundo (Insecta: Hemiptera: Aleyrodidae). In *Zootaxa* (Issue 1492). https://doi.org/10.11646/zootaxa.1492.1.1

Martínez-Bernal, C., Ruiz-Cancino, E., & Van Driesche, R. (1999). Mortalidade natural e de inimigos naturais de *Phyllocnistis citrella* Stainton (Lepidoptera: Gracillariidae) em árvores de citrinos no centro de Tamaulipas, México. BIOTAM, 11(1), 25-28.

Mcmurtry, J. A., Sourassou, N. F., & Demite, P. R. (2015). Os Phytoseiidae (Acari: Mesostigmata) como agentes de controlo biológico. *Em* D. Carrillo, G. J. de Moraes, & J. E. Peña (Eds.), *Perspectivas para o controle biológico de ácaros que se alimentam de plantas e outros organismos prejudiciais* (pp. 133-149). Springer International Publishing. https://doi.org/10.1007/978-3-319-15042-0

Medina-Urrutia, V. M. (1990). Incidência de ácaros, Archesonia, Fumagina e mancha foliar em limoeiros pulverizados com Mancozeb. Terceira Reunião Científica sobre Silvicultura e Agricultura. SARH. INIFAP. Universidade de Colima. 111-114 pp.

Michaud, J. P. (1998). Uma revisão da literatura sobre Toxoptera citricida (

Kirkaldy) (Homoptera : Aphididae). *The Florida Entomologist, 81*(1), 37-61.

Michaud, J. P. (2000). Desenvolvimento e reprodução de joaninhas (Coleoptera: Coccinellidae) nos pulgões dos citrinos Aphis spiraecola Patch e Toxoptera citricida (Kirkaldy) (Homoptera: Aphididae). *Biological Control, 18*(3), 287-297. https://doi.org/10.1006/bcon.2000.0833

Michaud, J. P., & Alvarez, R. (2000). Primeira coleção de pulgão castanho dos citrinos (Homotera : Aphdiidae) em Quintana Roo, México. *Florida Entomologist, 83*(3), 357-358.

Miranda-Salcedo, M. A. & López-Arroyo, J. L. (2009). Ecologia do psilídeo asiático dos citrinos *Diaphorina citri* Kuwayama (Hemiptera: Psyllidae) em Michoacán. Actas do XXXII Congresso Nacional de Controlo Biológico, Villahermosa Tabasco. 55-59 pp.

Miranda-Salcedo, M. A. & López-Arroyo, J. L. (2010). Flutuação populacional de *Diaphorina citri* Kuwayama (Hemiptera: Psyllidae) e eficácia de insecticidas para o seu controlo em Michoacán. *Entomología Mexicana*. 9:577- 582.

Miranda-Salcedo, M.A. (2014). Eficácia do Isoclast no manejo integrado de *Diaphorina citri* Kuwayama (Hemiptera: Liviidae) em Michoacán. Anais do XXXVII Congresso Nacional de Controlo Biológico Mérida Yucatan, México, 6-7 de novembro. 177-182 pp.

Miranda-Salcedo, M.A. 2019a. Manejo agroecológico de pragas de citros no vale de Apatzingán. Relatório do XLII Congresso Nacional de Controle Biológico, Veracruz. 37-49 pp.

Miranda-Salcedo, M. A. (2019b). FLUTUAÇÃO POPULACIONAL DE INIMIGOS NATURAIS DE TRIPES (THYSANOPTERA: THRIPIDAE) ASSOCIADOS AO LIMÃO MEXICANO (Citrus aurantifolia Swingley) EM MICHOACÁN. *Mexican Entomology [On Line]. Sociedade Mexicana de Entomologia, 6,* 151-155.

Miranda-Salcedo, M. A. (2019c). Bioecologia de espécies de tripes (thysanoptera: thripidae) associadas a limões mexicanos em Michoacán. *Entomología Mexicana [Online]. Sociedade Mexicana de Entomologia, 6,* 146-150.

Miranda-Salcedo, M. A., Perales-Segovia, C., Cortés-Moncada, E. & Miranda-Ramírez, J. M. (2020). Manejo agroecológico de *Diaphorina citri* Kuwayama 1908 (Hemiptera: Lividae) em limões mexicanos em Michoacán. Revista Entomología Mexicana, 7(2020): 176-186. Recuperado de http://www.socmexent.org/entomologia/revista/2020/EA/Em%20EA%201 76-182.pdf

Miranda-Salcedo, M. A., Perales-Segovia, C., Cortés-Moncada, E. & Miranda-Ramírez, J. M. (2020). Gestão manejo agroecológico de *Diaphorina citri* Kuwayama 1908 (Hemiptera: Lividae) em limões mexicanos em Michoacán.

Revista Entomología Mexicana, 7(2020): 176-186. Recuperado de http://www.socmexent.org/entomologia/revista/2020/EA/Em%20EA%201 76-182.pdf

Miranda-Salcedo, M.A., Perales-Segovia, C., Cortés-Moncada, E., Loera-Alvarado, E. & Miranda-Ramírez, J.M. (2020a). Manejo agroecológico de *Frankliniella occidentalis* Pergande 1895 (Thysanoptera: Thripidae) em limões mexicanos em Michoacán. *Revista Entomología Mexicana*, 7, 183-188. Obtido de
 http://www.socmexent.org/entomologia/revista/2020/EA/Em%20EA%201 83-188.pdf

Miranda-Salcedo, M.A., Perales-Segovia, C., Castañeda-Cabrera, C. & Cortés-Moncada, E. (2020b). Manejo agroecológico de *Tetranychus urticae* Koch 1836 (Acari: Tetranychidae) em limões mexicanos em Michoacán. Revista Entomología Mexicana, 7, 189-194.

Miranda-Salcedo, M. A., Perales-Segovia, C., Castañeda-Cabrera, C., & Cortéz-Mondaca, E. (2020). Issn: 2448-475x manejo agroecológico de. *Entomología Mexicana*, 7, 189-194.

Miranda Salcedo, M. A., Perales Segovia, C., Miranda Ramírez, J. M., Castañeda Cabrera, C. e González Gaona, E. (2021). Controle de tripes (Thysanoptera: Thripidae) com produtos bioracionais e atrativos para cal mexicana em Michoacán. Bol. R. Soc. Esp. Hist. Nat., 115. Obtido em http://www.rsehn.es/index.php?d=publicaciones&num=77&w=515

Miranda-Ramírez, J. M., Perales-Segovia, C., Miranda-Salcedo, MA., & Miranda-Medina, D. (2021). Inseticidas de baixo impacto ambiental para o controle de <em>Diaphorina *citri</em>* Kuwayama, 1908 (Hemiptera: Liviidae) em limão mexicano (<em>Citrus aurantifolia</em> (Christm.) Swingle). Revista Chilena De Entomología, 47 (4). Recuperado de https://www.biotaxa.org/rce/article/view/72831

Monzo, C., Qureshi, J. A., & Stansly, P. A. (2014). Pulverizações de inseticidas, assembléias de inimigos naturais e predação no psilídeo cítrico asiático, Diaphorina citri (Hemiptera: Psyllidae). *Boletim de Investigação Entomológica, 104*(5), 576- 585. https://doi.org/10.1017/S0007485314000315

Myartseva, S. N. (2005). Notas sobre as espécies do género Encarsia Foerster (Hymenoptera : Aphelinidae) introduzidas no México para o controlo biológico da mosca negra Aleurocanthus woglumi Ashby (Homoptera : Aleyrodidae), com descrição de uma nova espécie. *Zoosystematica Rossica, 14*(1), 147- 151.

Myartseva, S. N., & Coronado-Blanco, J. M. (2007). Espécies de Eretmocerus Haldeman (Hymenoptera: Aphelinidae) - parasitóides de Aleurothrixus floccosus (Maskell) (Homoptera: Aleyrodidae) do México, com a descrição de uma nova espécie. *Ata Zoologica Mexicana (N.S.), 23*(1), 37-46. https://doi.org/10.21829/azm.2007.231556

Myartseva, S N, Ruiz-Cancino, E., & Coronado-Blanco, J. M. (2013). Controlo natural da mosca branca lanosa em árvores de citrinos e goiabas em Tamaulipas, México. *Memorias 25° Encuentro Nacional de Investigación Científica y Tecnológica Del Golfo de México*, 105-109.

Myartseva, Svetlana N., & Ruiz-Cancino, E. (2004). Sinopse das espécies do género Metaphycus Mercet , 1917 do México (Hymenoptera : Encyrtidae) com descrição de novas espécies. *Russian Entomological Journal*, *13*(4), 269-276.

Myartzeva, S. N. (2006). UMA NOVA ESPÉCIE DE COCCOPHAGUS DE NUEVO LEON , MÉXICO (HYMENOPTERA: CHALCIDOIDEA: APHELINIDAE). *Ata Zoológica Mexicana (N.S.)*, *22*(1), 95-101.

Myartzeva, S. N., & Ruiz-Cancino, E. (2011). Parasitoides (Hymenoptera : Chalcidoidea) de Coccus (Hemiptera : Coccidae) associados a Citrus no México. *Dugesiana*, *18*(1), 65-72.

Myartzeva, S. N., Ruíz-Cancino, E., & Coronado-Blanco, J. M. (2017). Parasitóides Aphelinidae (Hymenoptera) da principal praga Hemiptera (Hemiptera:Aleyrodoidea: Coccoidea) dos citrinos no México. *Folia Entomológica Mexicana*, *3*(2), 32-41.

Moreno-Enriquez, A. (2014). Análisis de la Diversidad Molecular del Gen 16s rDNA de *Candidatus Liberibacter* Asiaticus en Aislados de Cítricos de la Península de Yucatán [Tese de Doutorado] Centro de Investigación Científica de Yucatán, A.C. Mérida, Yucatán, México Recuperado de http://cicy.repositorioinstitucional.mx/jspui/handle/1003/1295

Mound, L. A. (1997). Diversidade Biológica, pp. 1997-256. In: T. Lewis (ed). Trips como pragas de crp. CAB International, Londres, 740 p.

Mound, L. A., e Teulon, D. A. (1995). Thysanoptera as phytophagous opportunists. Em Thrips biology and management, (pp. 3-19). Plenum, Nova Iorque.

Myartzeva, S. N., & Ruiz-Cancino, E. (2011). Parasitóides (Hymenoptera : Chalcidoidea) de Coccus (Hemiptera: Coccidae) associados a Citrus no México. Dugesiana, 18(1), 65-72.

Myartzeva, S. N. (2006). Uma nova espécie de Coccophagus de Nuevo Leon, México (Hymenoptera: Chalcidoidea: Aphelinidae). *Ata Zoologica Mexicana* (N.S.), 22(1), 95-101.

Myartseva, Svetlana N., & Ruiz-Cancino, E. (2004). Sinopse das espécies do género Metaphycus Mercet, 1917 do México (Hymenoptera: Encyrtidae) com descrição de novas espécies. *Russian Entomological Journal,* 13(4), 269-276.

Myartseva, S. N. (2005). Notas sobre as espécies do género *Encarsia Foerster* (Hymenoptera: Aphelinidae) introduzidas no México para controlo biológico da mosca negra *Aleurocanthus woglumi* Ashby (Homoptera : Aleyrodidae), com descrição de uma nova espécie. *Zoosystematica Rossica*, 14(1), 147-151.

Nguyen, R. (2018). Um parasitoide da mosca negra dos citrinos, Amitus hesperidum Silvestri (Insecta: Hymenoptera: Platygastridae). *Departamento de*

Agricultura dos EUA, Serviço de Extensão UF/IFAS, Universidade da Flórida, *243*, 1-3.

Nguyen, R., Hamon, A. B., & Fasulo, T. R. (2007). Mosca negra dos citrinos , Aleurocanthus woglumi Ashby (Insecta : Hemiptera : Aleyrodidae). *Serviço de Extensão Cooperativa da Florida, Instituto de Ciências Alimentares e Agrícolas. Universidade da Flórida, junho*, 1-5.

Orozco-Santos, M., Robles-González, M. M., Velázquez-Monreal, J. J., Manzanilla-Ramírez, M. A., Hernández-Fuentes, L. M. & Nieto-Ángel, D. (2013). Manejo integrado de pragas e doenças em limas ácidas (lima mexicana e persa). Actas do XI Congresso Internacional de Citrinos. Tecomán, Colima, México.

Pascual-Ruiz, S., Aguilar-Fenollosa, E., Ibáñez-Gual, V., Hurtado-Ruíz, M. A., Martínez-ferrer, M. T., & Jacas, J. A. (2014). Limiar económico para *Tetranychus urticae* (Acari: Tetranychidae) em tangerinas clementinas Citrus clementina. *Experimental and Applied Acarology,* 62, 337-362. https://doi.org/10.1007/s10493-013-9744-0.

Perales-Gutiérrez, M. A., Arredondo-Bernal, H. C., & Garza-González, E. (1999). Ficha informativa: Controlo biológico da mosca dos citrinos, *Aleurocanthus woglumi*.

Quezada, J. R. (1974). Controlo biológico de Aleurocanthus woglumi [Homoptera: Aleyrodidae] em El Salvador. *Entomophaga, 19*(3), 243-254.

Quicke, D. (1997). *Parasitic Wasps*. Chapman & Hall Ltd.

Roistacher, C. N. (1991). Técnicas de deteção biológica de enxertos específicos de citrinos Wooler A., D. Padgham, e A. Arafat 1974. Outbreaks and new records. Saudi Arabia. *Diaphorina citri* em citrinos. Boletim de Proteção das Plantas da FAO 22: 93-94.

Rodríguez-Palomera, M., Cambero-Campos, J., Luna-Esquivel, G., Robles-Bermúdez, A., Peña-Martínez, R., & Muñoz-Viveros, A. L. (2017). Primeiro registro de Aphis (Toxoptera) aurantii em Artocarpus heterophyllus Lam. (Moraceae) no México. *Southwestern Entomologist, 42*(4), 1111-1114. https://doi.org/10.3958/059.042.0408

Rosas-Garcja, N. M., Durán-Martinez, E. P., de Luna-Santillana, E. de J., & Villegas-Mendoza, J. M. (2009). Potencial de predação de Cryptolaemus montrouzieri Mulsant em relação a Planococcus citri Risso. *Southwestern Entomologist, 34*(2), 179-188. https://doi.org/10.3958/059.034.0208

Ruíz-Cancino, E., & Coronado-Blanco, J. M. (1994). O minador de folhas dos citrinos Phyllocnistis citrella Stainton (Lepidoptera: Gracillariidae: Phyllocnistinae). (Edição de outubro). https://doi.org/10.13140/RG.2.1.3409.4809

Ruíz-Cancino, E., Martínez-Bernal, C., Coronado-Blanco Juana María, Mateos-Crespo, J. R., & Peña, J. E. (2001). Hymenoptera parasitóides de Phyllocnistis citrella Stainton (Lepidoptera: Gracillariidae) em Tamaulipas e no norte de

Veracruz, México, com uma chave para as espécies. *Folia Entomologica Mexicana, 40*(1), 83-91.

Ruíz-Cancino, E., Coronado-Blanco, J. M., & Myartseva, S. N. (2006). Situação atual da gestão das pragas dos citrinos em Tamaulipas, México. *Manejo Integrado de Plagas e Agroecologia (Costa Rica),* 78, 94-100. http://orton.catie.ac.cr/repdoc/A1848e/A1848e.pdf

Ruíz-Galván, I., Bautista-Martínez, N., Sánchez-Arroyo, H. e Valenzuela-Escoboza, F. (2015). Controlo químico de Diaphorina citri (Kuwayama) (Hemiptera: Liviidae) em lima da Pérsia. Ata Zoológica Mexicana (nova série), 31(1), 41-47. Recuperado de

http://www.scielo.org.mx/scielo.php?script=sci_arttext&pid=S0065-17372015000100006

Sánchez-González, J. A., Mellín Rosas, M. A., Arredondo-Bernal, H. C., Vizcarra-Valdez, N. I., González-Hernández, A., & Montesinos-Matías, R. (2015). Psilídeo cítrico asiático, *Diaphorina citri* (Hemiptera: Psyllidae). *Em* Hugo César Arredondo-Bernal & L. Á. Rodríguez-del Bosque (Eds.), Casos de Control Biológico en México, vol. 2 (2ª ed., pp. 339-372). Biblioteca Básica de Agricultura.

SENASICA. (2015). Manual de Reproducción masiva de *Tamarixia radiata,* principal parasitoide do psilídeo asiático dos citros, vetor do HLB. Em Hugo César Arredondo-Bernal (Ed.), *SENASICA* (1ª ed.). SENASICA. https://biocontrol.entomology.cornell.edu/parasitoids/Tamarixia.php

SENASICA. (2019). *Pulgão marrom dos citros Toxoptera citricida (Kirkaldy).*

Ficha informativa n.º 37 (Edição 37).
SENASICA, 2019. Serviço Nacional de Saúde, Segurança e Qualidade. Estrategia 2017, para la detección y control del HLB y el psilido asiático de los cítricos en México. www.senasica.gob.mx/default.asp? Acedido em 3 julho de 2019.
SIAP (2021). Sistema de Infrmación Agroalimentaria y Pesquera. Anuario estadístico de la producción agrícola 2020 en México. Sistema de Información Agroalimentaria y Pesquera de la Secretaría de Desarrollo Rural, México, D.F. (Acedido: 28/07/2021). Disponível em: https://nube.siap.gob.mx/cierreagricola/

Shivankar, V., Rao, C., & Singh, S. (2000). Studies on *citrus psylla, Diaphorina citri* Kuwayama: A review. *Agricultural Reviews*, 21(3), 199-204.

Smith, H. D., Maltby, H. L., & Jimenez, E. J. (1964). Controlo biológico da mosca negra dos citrinos no México. *Boletim Técnico do Departamento de Agricultura dos EUA, 1311*, 1-30.

SMN-CONAGUA (2016). Serviço Meteorológico Nacional - Comissão Nacional da Água. Dados meteorológicos. SMN, MEX. http://smn.cna.gob.mx/es/ (acedido em 28 de setembro de 2021).

Stansly, P. (2012). Biologia e gestão do psilídeo asiático dos citrinos e do HLB na Florida. IV Simpósio Nacional e III Internacional de Bactérias Fitopatogénicas. Guadalajara. Jalisco. México.

Van Driesche, R., Hoddle, M., & Center, T. (2008). *Control of Pests and Weeds*

By Natural Enemies (*Controlo de Pragas e Ervas Daninhas por Inimigos Naturais*). Blackwell Publishing.

Vanegas-Rico, J. M., Lomeli-Flores, J. R. Rodríguez-Leyva, E., Valdez-Carrasco, J. M., & Luna-Cruz, A. (2018). Primeiro registro de *Laetilia coccidivora* (Lepidoptera: Pyralidae) como predador de *Diaspis echinocacti* (Hemiptera: Diaspididae) em Tlalnepantla, Morelos. *Dugesiana*, 25(2), 125-127.

Van Lenteren, J. C., & Loomans, A. J. M. (1995). Biological control of thrips pests (Vol. 1). Universidade Agrícola de Wageningen.

Villalobos-Muller, W., Pérez-Hidalgo, N., Mier-Durante, M. P., & Nieto-Nafria, J. M. (2010). Aphididae (Hemiptera: Sternorrhyncha) da Costa Rica, com novos registos para a América Central. *Boletín de La Asociación Española de Entomologia,* 34(1), 145-182.

Villanueva-Jiménez. A. J., Osorio-Acosta, F., Ortega-Arenas, L. D., Díaz-Zorrilla, U., García, V. M., Luna-Olivares, J., Luna-Olivares, G. & Zamora-Juárez, S. (2018). Suscetibilidade de *Diaphorina citri* a inseticidas no

24 estados que operaram a campanha contra o HLB em 2018. Memorias Congreso XXXII Pesquisa, Agricultura, Pecuária, Florestas, Aquicultura, Pesca e Desenvolvimento Rural de Veracruz, 2284-2294 pp. Recuperado de http://rctveracruz.org/descargarlibro/libros/PyE07.pdf

(Hymenoptera: Eulophidae) (1ª ed., Edição de julho de 2018, pp. 23-32). CORPOICA Editorial.